大規模
毀滅小兵器 之 打造
特務軍火庫

MINI WEAPONS
OF MASS DESTRUCTION
BUILD A SECRET AGENT ARSENAL

U0072812

強·奧斯丁——著

楓樹林

這本書要獻給所有誓言抵禦國內外敵人的菜鳥特務，有了這本書，你們將可以擁有適當的工具協助你們獲取珍貴的情報，達成偉大的目標，保護好機構的祕密和你的真實身分，並將執行諜報活動時的風險降到最低。請依照以下指示打造一個特務軍火庫。恭喜你，特務們，願你已經做好充分準備。

你是否做好了萬全準備？

加入大規模毀滅小兵器臉書：

MiniWeapons of Mass Destruction: Homemade Weapons Page

目錄

引言

　　讓我們跟著這本最新的自製武器指南打造特務的軍火庫吧！我們將發揮各種日常用品的最大潛力，將它們改造成所有特務都需要的各種裝置、武器和精緻的工具。

　　這些具有高度機密的文件是由我們的研發部門所收集而來，讓像你這樣的外勤特務在遇到威脅時能有所對策。這個部門的任務就是讓我們的特務們擁有執行任務的專門配備，讓他們不會被敵人抓到，甚至有更悲慘的遭遇。

　　當你接受任務後會發現許多任務都非常嚴峻，但我們希望你獲得完成任務的工具和武器的過程可以輕鬆一點。書中的每項物品都是十分容易取得的材料，並且附上了逐步的製作指令。當你沒有機密任務在身時，可以用最後一章所附的簡單標靶磨練射擊技術。記得永遠要為未知做好準備。

　　這是本適合男女老少的書，書中運用到物理學，並且充滿創意和各種實驗，也將激發你的無限想像。許多項目都是模仿自現實生活中今日的特務會使用的真正配備，但我們的組裝只需要花很少的錢，就能讓你輕鬆完成。

　　請記住本書的目的只是為了提供娛樂，請閱讀安全注意事項以保護自身安全，製作和使用這些物品必須自己承擔風險。

把書藏好！

根據我們情資部門所提供的情報，這本書是極為可能被從事破壞活動者（也就是老師們）所沒收的最大目標，因此你必須確保這些極機密的內容不能被未經授權者看到，你可以用簡單的雜誌封面將這本書偽裝。

首先找到一本你原本就會讀的過期雜誌，然後把書頁上的訂書針拿掉後把所有書頁移除，只留下雜誌封面。

下一步，把雜誌封面朝下放在桌上，然後把雜誌上緣和下緣摺起來和書本的高度對齊，如下圖所示，摺痕得要摺得俐落漂亮。

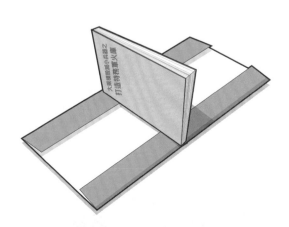

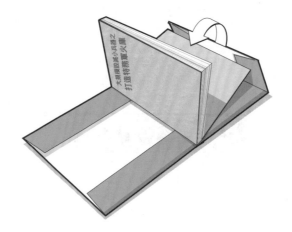

現在把雜誌封面兩側往內摺到書本封面上，把雜誌封面一邊用膠帶黏起來，不要黏到書頁上了。另一邊也重複同樣動作。

這樣你的書本就偽裝好了！

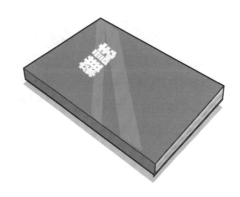

注意事項

　　這本書不會自爆，但自製的武器可能會，意外隨時可能會發生。當你在製作和使用這些小兵器時得負起責任並且做好安全預防措施。隨意更換材料、使用替代彈藥、不適當的組裝和處理、沒有瞄準和無法發射等狀況都可能造成傷害。好的間諜得隨時對未知做好準備，當你要實驗其中任何一個項目時都**必須保護好眼睛**。

　　多數間諜菜鳥都沒有精密的研發實驗室，所以你得特別注意周遭環境，像是旁邊有沒有人，有沒有易燃物質等，在使用發射裝置時也要格外小心。箭頭和飛鏢都有銳利的尖端，橡皮筋槍發射物體的力道超乎想像的強勁，這些都可能造成傷害。任何武器，包括手槍，都不應該漆成類似真槍的顏色，應該選擇像是橘色、紅色和黃色等明亮的顏色。任何材質的彈藥都可能造成傷害，**絕對不要拿發射裝置對著人、動物或任何有價值的東西**。也絕對不要攜帶這些物品乘坐大眾運輸系統、像是飛機、巴士或火車等，這些物品只限在家裡使用。

　　還有一個重點是，因為這些小兵器都是自製的武器，所以有時候可能會出錯。書本最後有標靶圖和建議列印輸出的樣式，也可以在 www.JohnAustinbooks.com 下載。請用這些工具來測試小兵器的正確度，而不是隨便找標的物亂射。

本書還包含爆炸筆（179頁）的製作。雖然叫作爆炸筆，但卻無法被改裝成具有強大殺傷力的武器，不過它會發出很大的聲響，使用所有爆炸製品時都建議要保護好耳朵。

　　有些本書中提到的項目需要使用各種工具，像是美工刀、摺疊刀、熱熔槍和老虎鉗等，這些工具如果使用不當就容易受傷，使用時一定要特別當心，安全第一。當你無法順利裁切物品時，有可能是刀子鈍了或物品太堅硬，這時請立刻停止作業，替換刀子或替換物品。**青少年在處理這些可能造成傷害的工具時，絕對必須有大人在旁協助。**

　　當你在製作和使用這些小兵器時得自己承擔責任。不管是作者、出版社或書店都不可能也不能保證你的安全，當你嘗試書裡的項目時就必須承擔風險，這些物品並不是玩具！

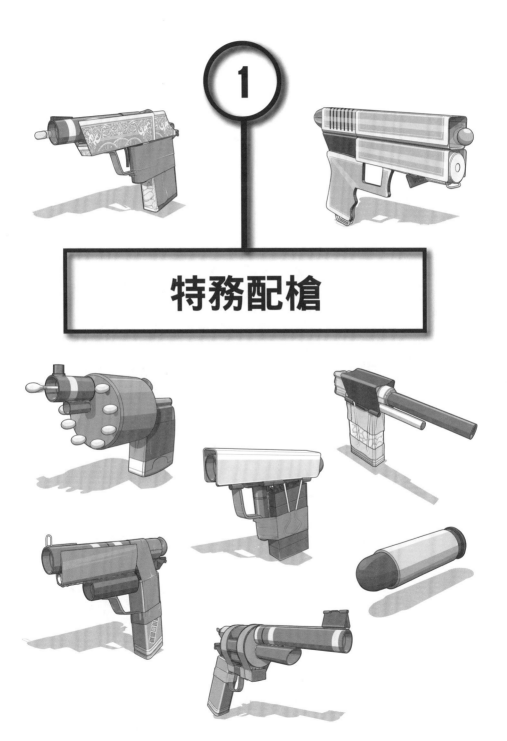

特務配槍

華瑟PP手槍

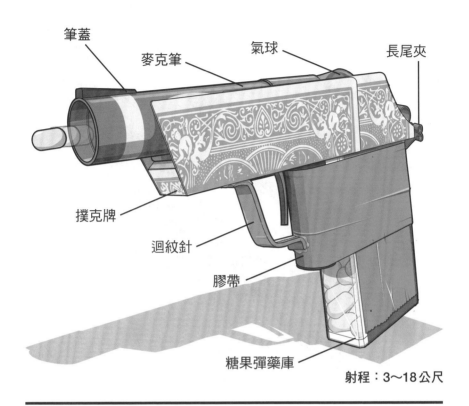

筆蓋

麥克筆

氣球

長尾夾

撲克牌

迴紋針

膠帶

糖果彈藥庫

射程：3～18公尺

　　華瑟PP手槍體積小、重量輕，是英國特務間頗受好評的常用武器。這個自製武器的特色是擁有絕佳的彈性射程，並配備了糖果彈藥庫，可以不斷發射薄荷糖子彈。

所需物品

1枝繪圖麥克筆
1個小氣球
牛皮膠帶
2個塑膠筆蓋
1個大迴紋針
1個冰棒棍
1個薄荷糖盒子
1個小長尾夾（19公厘）
2張撲克牌

工具

護目鏡
老虎鉗
美工刀
熱熔膠槍
剪刀

彈藥

小顆的硬糖果

步驟 1

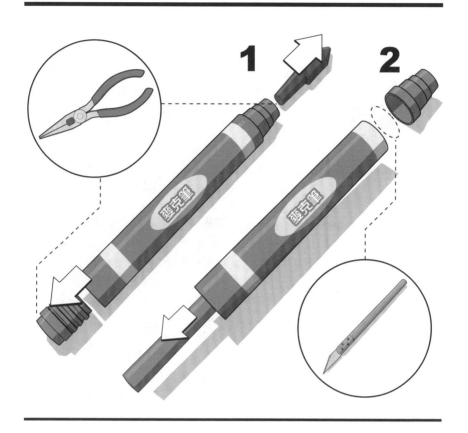

　　找出一枝繪圖麥克筆，如果是回收塑膠製作的更好，因為這樣外殼會比較柔軟，但任何麥克筆都可以。用老虎鉗輕輕轉動麥克筆尾端的蓋子，把蓋子從筆桿上移除，然後用老虎鉗移除掉麥克筆筆尖的筆頭，把筆頭拿掉以免弄髒。

　　使用美工刀刺穿圖片顯示處的麥克筆外殼，然後慢慢轉動麥克筆。此時不要轉動刀片，而是轉動麥克筆的外殼，這樣裁切時會比較安全。當這端的外殼被移除後，裡頭的墨水筆芯應該就會滑出來，把筆芯丟掉。如果外殼還有殘留的墨水，就先沖洗乾淨再瀝乾。

　　麥克筆外殼會成為你的手槍槍管，裁切時可能會產生一些塑膠碎片，要把這些掉落在內管中的所有塑膠碎片都清除乾淨才行。把麥克筆筆蓋留著，待下一個步驟時使用。

步驟 2

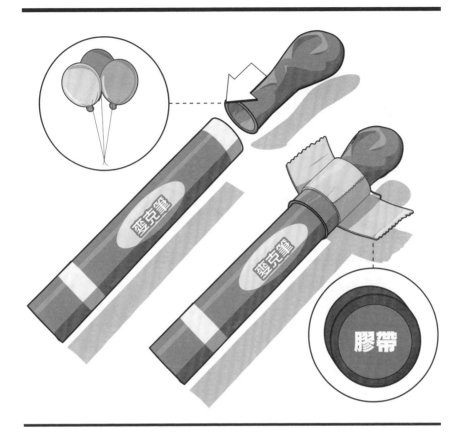

　　現在要製造槍管的火力來源。把氣球套到麥克筆尾端，如圖所示，讓大部分的氣球都包覆住筆殼，確定好位置後，用膠帶將氣球牢牢地固定到位置上。拉幾下氣球，測試膠帶是否黏得夠牢，如果有需要可以再黏上更多膠帶，一定要在繼續製作前確認已經黏牢了才行。

步驟 3

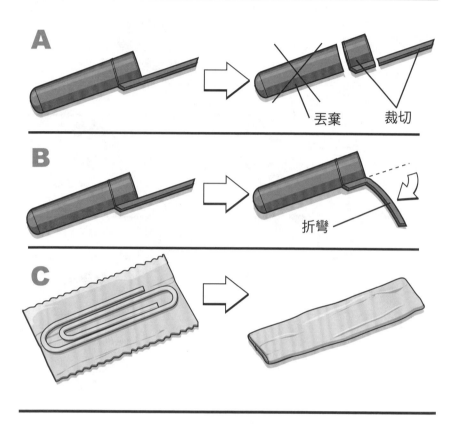

A

丟棄　　　裁切

B

折彎

C

　　在這個步驟中，要準備三個不同的零件供後面幾個步驟使用，這時需要的是兩個塑膠筆蓋、一個大迴紋針和牛皮膠帶。

　　零件A：用美工刀把筆蓋夾裁切下來，讓筆蓋變成管狀，然後將同一個筆蓋切掉約1.27公分的圓環，用來做槍枝的擊錘。

　　零件B：將第二個塑膠筆蓋的筆蓋夾慢慢折彎，但不要折斷，這個零件最後會成為板機。

　　零件C：將大迴紋針放在比迴紋針稍大的牛皮膠帶上，將膠帶牢牢包緊整個迴紋針，這是板機護環裝配的前置作業。

步驟 4

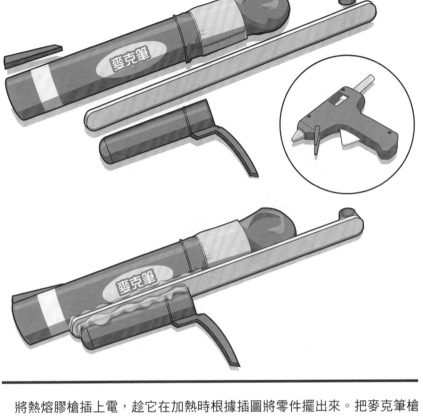

　　將熱熔膠槍插上電，趁它在加熱時根據插圖將零件擺出來。把麥克筆槍管用熱熔膠黏到冰棒棍上，小心不要燒到氣球。冰棒棍要比氣球那邊多出4.4公分。確定之後就可以將折彎的筆蓋如圖所示黏到冰棒棍上，等冰棒棍冷卻後，把裁切下來的筆蓋夾黏到麥克筆槍管頂端，然後把剛才裁切下來的筆蓋圓環黏到冰棒棍背面。

　　小心別讓熱熔膠槍燒到氣球了，要是真的不小心燒到，就重複步驟3，換一個新的氣球。

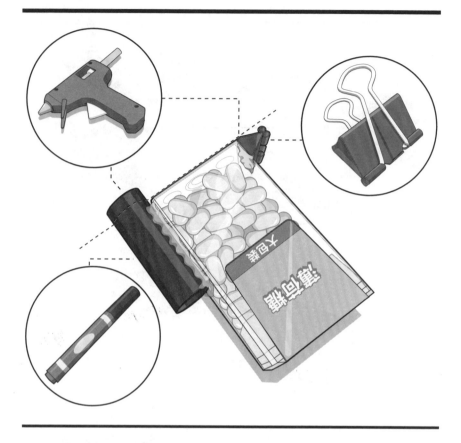

接下來要製作槍柄和夾子裝配，用熱熔膠把筆蓋黏到薄荷糖盒子的側邊，筆蓋的位置應該要超出底部約 0.6 公分。把小長尾夾的金屬把手移除，接著把夾子黏到筆蓋的另一側。夾子的位置應該如圖所示和塑膠盒子底部對齊，這樣槍托的組裝就完成了。

步驟 6

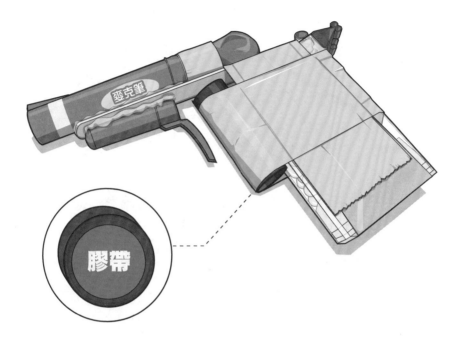

麥克筆

膠帶

現在要把兩組裝配組合起來了。把槍管黏到薄荷糖盒子上，讓冰棒棍碰觸到小長尾夾，確定好位置後就用牛皮膠帶把兩個物件固定在一起。用熱熔膠也可以，但牛皮膠帶可以有遮蔽效果，讓別人看不出來是用廢棄物品做的。

現在你的發射器已經具備基本功能，剩下的步驟就是美化外觀。

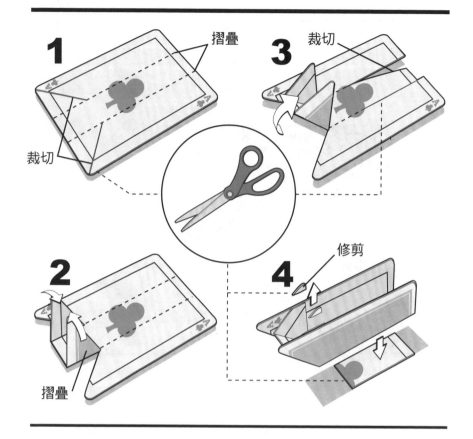

使用兩張撲克牌來改造手槍的外殼,先從第一張卡片開始。

卡片正面朝上,將長邊折成三折,中間部分大約是麥克筆槍管的寬度。用剪刀剪下兩個45度角的切口,如圖所示從卡片的兩個角剪到折線的位置。

把兩個三角形往上折起,以中間的摺線為基準。

把兩個三角形往卡片中間折成45度角。在卡片另一邊,沿著中央折線往內剪3.2公分。

接下來把卡片兩邊往上折起,和切角對齊,確定好位置後,將三角形黏到卡片邊上,用剪刀修剪三角形的尖端,然後剪掉底部的長方形。

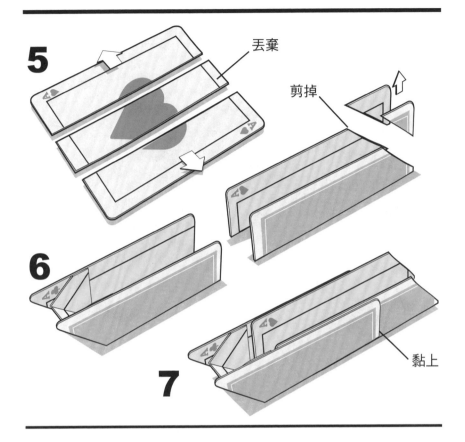

現在來改造第二張撲克牌。

把第二張卡片像第一張那樣折，分成三個部分和兩條折線，用剪刀沿著折線剪下後就會變成三片卡片，把中間的拿走。

再次用剪刀把兩片卡片一邊的角剪掉。這樣發射時會比較好接上氣球，也比較接近詹姆士龐德的愛槍，也就是華瑟PP手槍的造型。

再來需要更多膠水，把兩個區塊都黏到改造過的第一張卡片裡面，新的區塊應該要突出3.8公分，讓整個組合看起來像一個菱形。

步驟 9

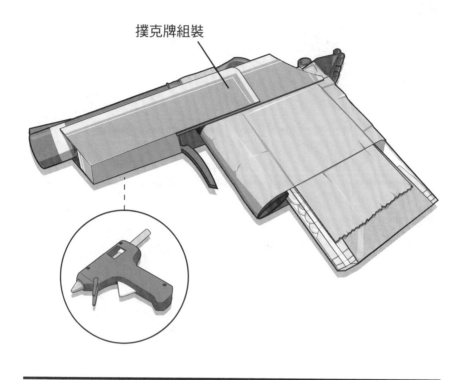

撲克牌組裝

現在把撲克牌組裝放到槍管組裝下方，並用熱熔膠固定。如果筆蓋做的板機沒有辦法剛好從卡片中露出來的話，只要用剪刀修剪卡片就可以。

步驟 10

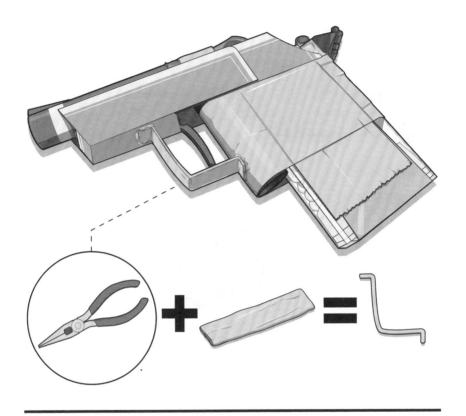

最後，不要忘了你的扳機護環。把在步驟3用牛皮膠帶包覆起來的大迴紋針和老虎鉗準備好，用老虎鉗慢慢地凹折迴紋針的三處，讓它看起來像手槍的板機護環。根據上面的插圖來決定要折哪些地方。折好後就把它放在筆蓋座的扳機前面，並用熱熔膠固定好護環的位置，也可以再用膠帶固定。

現在把薄荷糖或其他小顆的硬糖果裝到槍管中，讓糖果掉進氣球裡（也可以選用棉花棒、豆子、小橡皮擦或花生）。用手指找到糖果位置後，握住糖果往後拉，瞄準後發射。**記住：一定要找安全的標靶來練習射擊。**在氣球有破損的狀況下絕對不要發射，子彈很可能會從氣球破損處噴射出來。

在你發射後，氣球或許會陷進槍管內，如果發生這樣的狀況，只要從槍管另一端把它吹出來就好。

其他改造

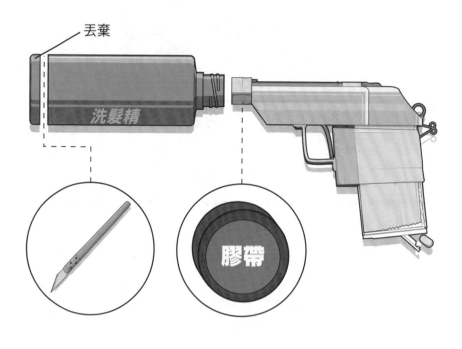

丟棄

洗髮精

膠帶

　　每枝PP手槍都需要極為精緻的消音裝置。去浴室裡找旅行用大小的塑膠洗髮精瓶子，用美工刀在瓶子底部割開一個切口，然後在刀片還在瓶內的狀況下，慢慢地360度旋轉瓶子。**做這個動作時請小心慢慢來，太急的話可能會發生危險。**最後用剪刀把邊緣修齊。

　　為了讓槍管能符合洗髮精瓶子的直徑大小，可以在槍管頭纏上膠帶讓直徑變大。接下來就可以將消音器塞到槍管上，但不要黏起來，永久固定消音器會在子彈上膛時造成困難。

糖果克拉克33手槍

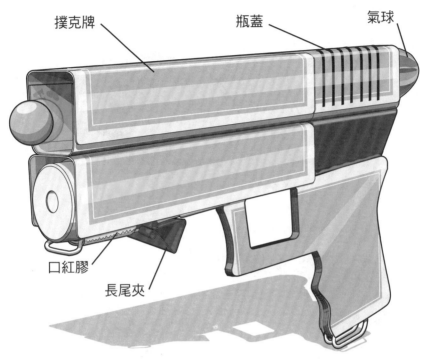

撲克牌　　　　瓶蓋　　　　氣球

口紅膠

長尾夾

射程：3～18公尺

　　糖果克拉克33手槍是用撲克牌做出來的，外觀簡單時髦，槍管下方是創新的彈出式彈匣，讓上膛的動作變得快速簡單。它的握把設計也很符合人體工學，可以符合每位使用者的手勢，另外還有一體成型的內部金屬框。

所需物品
1個塑膠飲料軟瓶，大約500毫升
1個中型氣球
牛皮膠帶
1條口紅膠（最好是8公克的小尺寸）
1個繪圖用麥克筆的筆蓋
12張撲克牌
1個小長尾夾（19公釐）
1個大長尾夾（51公釐）

工具
護目鏡
折刀
剪刀
麥克筆
熱熔膠槍

彈藥
1個以上的圓型糖果

步驟 1

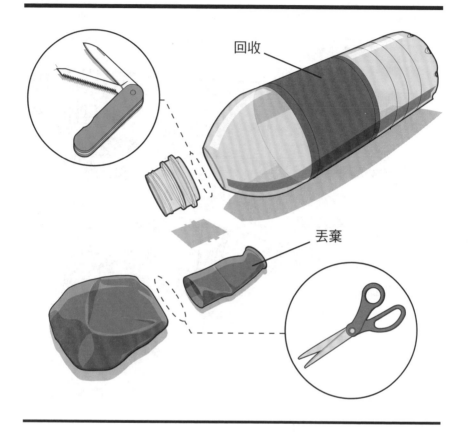

回收

丟棄

現在可以來製作糖果克拉克33手槍了。首先要先組裝發射裝置，用折刀小心割下飲料軟瓶的螺狀瓶口，割下瓶口後再用小刀修整邊緣尖銳的突出處。

接下來如上圖所示，用剪刀把氣球剪成一半，然後把氣球嘴那一半丟棄。

步驟 2

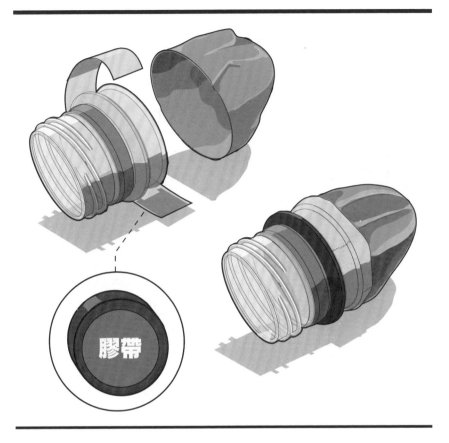

膠帶

接下來將一半的氣球黏牢在瓶口上，但在你這麼做之前，要先確保已經按照步驟1的指示將瓶口邊緣修剪平整，瓶口尖銳的邊緣會讓氣球破洞或裂開，造成子彈無預警地飛出來。

這樣基本的發射裝置就完成了，可以盡情測試一番。將豆子或糖果子彈放到發射器裡，將氣球往後拉，避開人或寵物，然後就可以發射了。

步驟 3

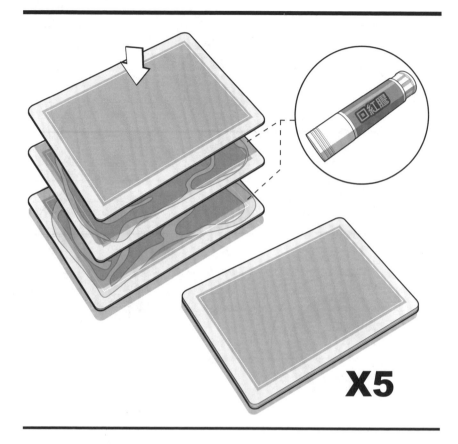

X5

接下來要開始組裝糖果克拉克33手槍的槍托。使用口紅膠將五張撲克牌一張張疊在一起後黏起來，然後等膠水乾。

步驟 4

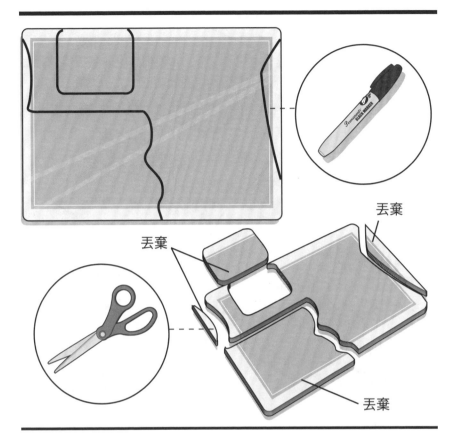

丟棄

丟棄

丟棄

在那一疊牌上用麥克筆畫出如上建議的握槍處樣式，其中包括了手指的抓握處和扳機護環開口，要畫得夠大，讓你使用時手指能感到舒適。

使用剪刀把這個圖案剪下來，將剪下後不要的部分丟棄。

步驟 5

使用這個作為樣板

把其中一張撲克牌翻面

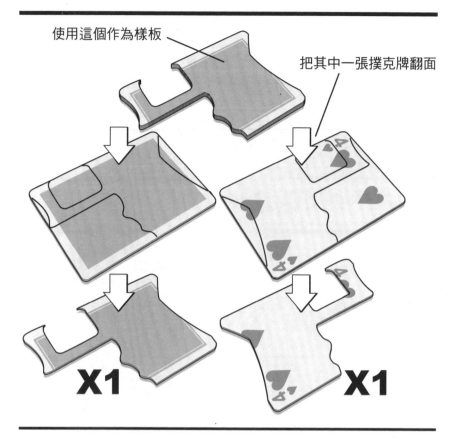

X1

X1

在這個步驟中,以五張撲克牌組為樣板,再分別做兩個一樣的鋪克牌組。

將樣板放在一張撲克牌上,然後用麥克筆描繪出輪廓,接著用剪刀剪下圖案並將不要的部分丟棄。

將第二張牌翻面後在上面畫上圖案,然後一樣用剪刀剪下圖案。將圖案畫在另一面只是為了視覺效果,如此一來最後完成的手槍上面就只會看到撲克牌背後的圖案,而不會看到撲克牌正面。

步驟 6

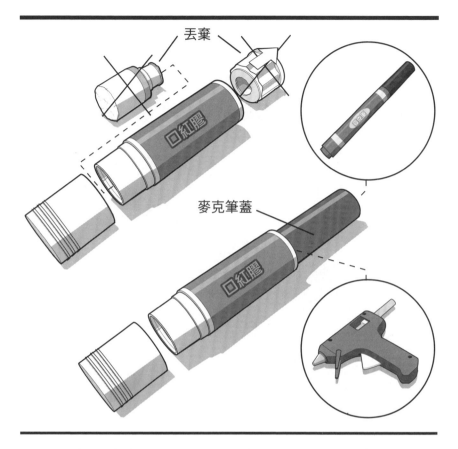

丟棄

口紅膠

麥克筆蓋

口紅膠

　　下一個步驟是組合彈出式彈匣，這個步驟可有可無，但是會很方便。雖然說比較適合的大小是 8 公克的口紅膠，但如果沒有的話，可以用護唇膏的容器或是比較大的口紅膠（22 公克）取代。將口紅膠的旋轉底座拆掉，並把口紅膠內部的膠條拉出來，移除裡面的膠。

　　現在把麥克筆的筆蓋用熱熔膠黏到口紅膠容器的底部。稍後在步驟 9，這個筆蓋將會塞入一個大長尾夾裡。

步驟 7

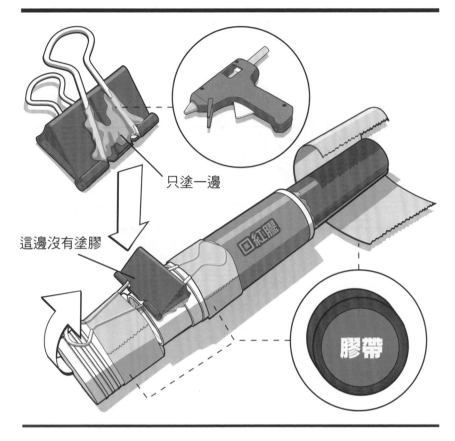

只塗一邊

這邊沒有塗膠

口紅膠

膠帶

　　為了避免彈藥從彈匣中掉出來，要加入一個用小長尾夾做的鉸鏈裝置。在將長尾夾黏到容器上之前，需要將熱熔膠塗到一邊的金屬把手上。

　　現在把改造過的夾子放到口紅膠底部，將塗過膠水的把手朝下，用膠帶固定在如上圖所示的位置，然後把筆蓋放到容器前端，並用膠帶將它和長尾夾把手固定在一起。組合好之後，筆蓋應該可以咔嗒咔嗒地按上按下。最後用28公分的牛皮膠帶纏繞在黏起來的筆蓋上，增加它的直徑。

步驟 8

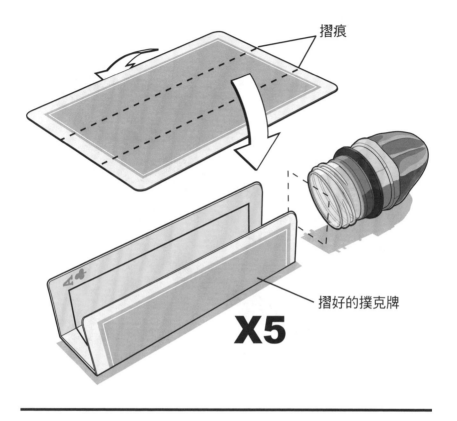

摺痕

摺好的撲克牌

X5

糖果克拉克33手槍的槍管是由撲克牌所組合起來，每張牌都得摺兩次，中間的寬度就是發射器的直徑，以發射器為參考將兩邊摺成90度。

把摺痕壓深，其他四張牌也重複這個步驟（總共會有五張牌）。

步驟 9

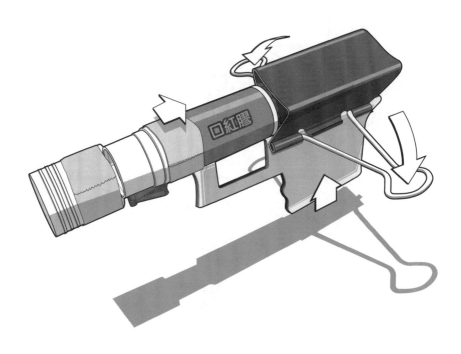

口紅膠

　接下來要製作糖果克拉克33手槍的外型。將彈匣組的麥克筆蓋尾端滑進
大長尾夾的三角形空間，另外在麥克筆蓋上纏上28公分的膠帶，這樣密合
度會剛剛好，但有需要的話也可以再調整，長尾夾的鉸鏈如圖所示應該要
在彈匣下方。

　接下來將五張撲克牌做成的握把大約1.3公分放進大長尾夾，然後固定
位置。完成後將金屬把手往下翻。

步驟 10

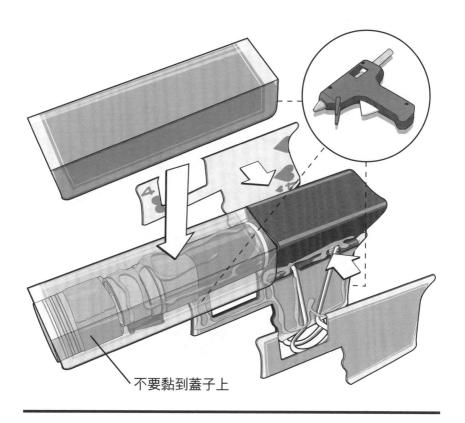

不要黏到蓋子上

　將其中一張摺好的撲克牌放到口紅膠上，但小心不要將撲克牌黏到鉸鏈蓋上。

　接下來，將一邊的撲克牌握把沾上熱熔膠，然後將其中一張握把牌黏到金屬把手上。另一邊也用最後的握把牌重覆同樣的步驟。

　等兩張牌都固定到握把上後，在扳機護環和口紅膠彈匣之間加一點熱熔膠，讓它們整個黏在一起。

步驟 11

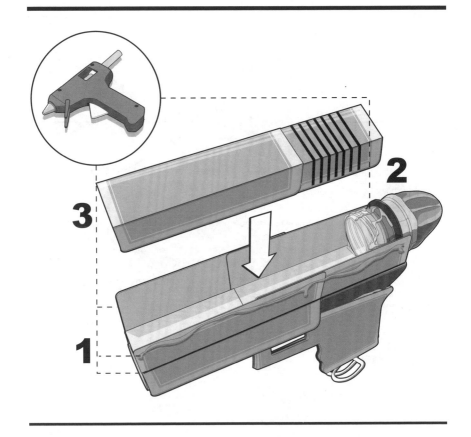

　　槍管的組裝是最後一個步驟，首先，將兩張摺起的卡片朝上黏起來，兩張卡中間會形成一個溝槽。這兩張牌必須和現有的牌和大長尾夾對齊，你必須把卡片重疊放上去，加強槍管的支撐力。

　　接著，當中間的溝槽固定位置後，如圖所示將發射器裝置牢牢地黏到溝槽的後端。氣球的發射裝置要能從後面突出，這樣會比較好握。

　　然後，用最後兩張牌覆蓋住槍管，完成槍膛，並再次用熱熔膠將現有的牌與發射器黏在一起，加強支撐力。

　　現在把一顆糖果，或是橡皮擦、迷你棉花糖、花生等東西放入槍管中，並用你的手指把它放到發射位置上。在你抓住糖果後，把糖果往後拉然後發射出去。一定要選一個安全的發射目標，這個發射裝置的威力可是不容小覷的。

點38棉花棒特殊彈

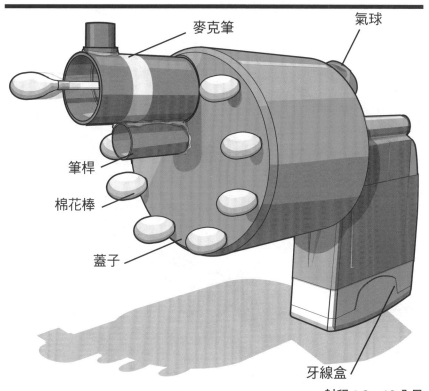

氣球

麥克筆

筆桿

棉花棒

蓋子

牙線盒

射程：3～18公尺

回收、再利用、再裝填！點38棉花棒特殊彈是用輕量回收塑膠所製造，易於使用的設計操作起來非常順暢並且極為準確。它的槍管短小，可以預防卡彈，是手持小兵器的入門首選。

所需物品
1枝繪圖用麥克筆
1個小氣球
牛皮膠帶
1枝塑膠原子筆
1個大的空牙線盒
1個刮鬍膏塑膠罐的蓋子（直徑約5公分，高度約4.4公分）

工具
護目鏡
老虎鉗
美工刀
剪刀
熱熔膠槍

彈藥
9根以上的棉花棒

步驟 1

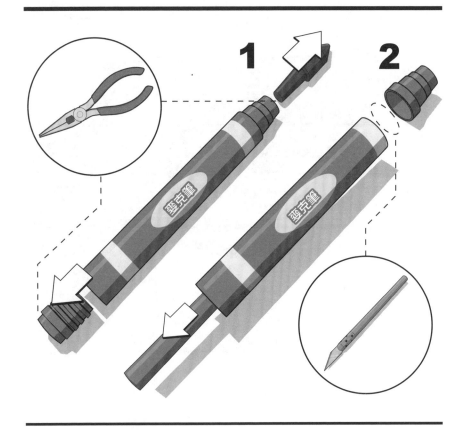

　　這個發射器的槍管是用麥克筆製作而成，如果是回收塑膠製作的更好，因為這樣外殼會比較柔軟，但任何麥克筆都可以。用老虎鉗輕輕轉動麥克筆尾端的蓋子，把蓋子從筆管上移除，然後再度使用老虎鉗將麥克筆另一端的筆頭拿掉，把筆頭拿掉是為了避免弄髒。

　　使用美工刀刺穿圖片顯示處的麥克筆外殼，然後慢慢轉動麥克筆。此時不要轉動刀片，而是轉動麥克筆的外殼，這樣裁切時會比較安全。當這端的外殼被移除後，裡頭的墨水筆芯應該就會滑出來，把筆芯丟掉，如果外殼還有殘留的墨水就先沖洗乾淨再瀝乾。

　　現在要把所有切割過程中產生的塑膠碎片清除乾淨，不讓這些碎片殘留在空心的筆桿中，另外要把麥克筆的筆蓋留到之後的步驟使用。

步驟 2

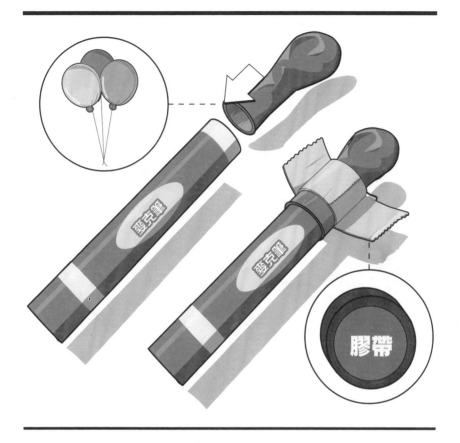

　　由氣球產生的火力！將一個氣球套在麥克筆筆桿的尾端，讓大部分的氣球都包覆住筆桿，確定好位置後，用膠帶將氣球牢牢地固定到位置上。拉幾下氣球，測試膠帶是否黏得夠牢，如果有需要可以再黏上更多膠帶，一定要在繼續製作前確認已經黏牢了才行。

步驟 3

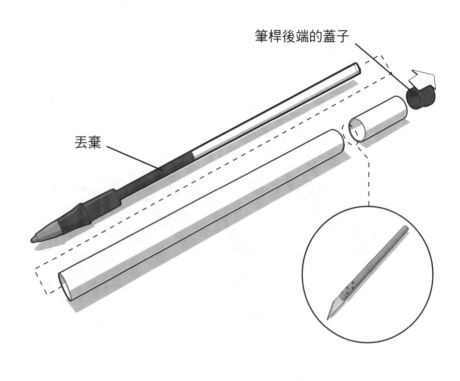

筆桿後端的蓋子

丟棄

接下來要將原子筆拆解成許多部分，依照原子筆的構造不同，你或許會需要工具來協助你把筆管後端的蓋子拆掉。美工刀（用來切割）或小的老虎鉗（用來把蓋子拔除）都會是不錯的工具。把筆拆解後，用美工刀把筆桿切掉1.9公分。

步驟 4

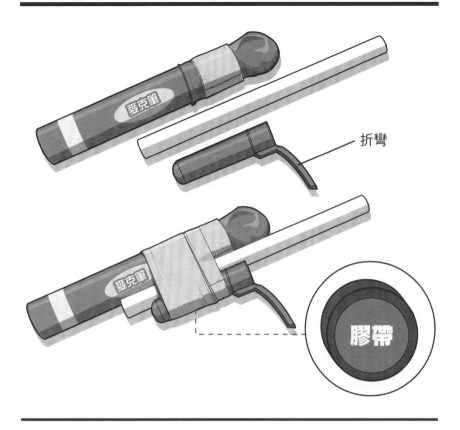

折彎

膠帶

　　慢慢把筆蓋上的筆蓋夾折彎，然後把筆桿1.75公分用膠帶固定到麥克筆槍管上，如圖所示突出於後端的氣球。固定好之後，再用膠帶把彎折的筆蓋固定到筆桿上，位置大約是在筆桿從尾端算來1.3公分處。

　　這些測量單位都只是參考，產品和空間距離都可能會有不同。

步驟 5

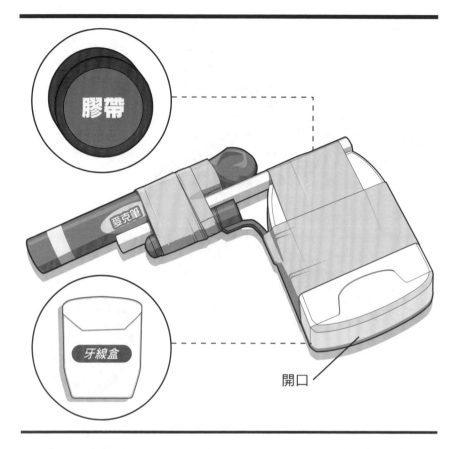

膠帶

麥克筆

牙線盒

開口

　把完成的槍管組和底部的牙線盒組合在一起。如圖所示,把膠帶纏在彎折的筆蓋夾和空心的筆管上,但不要蓋住牙線盒的開口。

　牙線盒已經被改造成左輪手槍的槍把,而且多了一個可以裝填彈藥的靈巧空間。

步驟 6

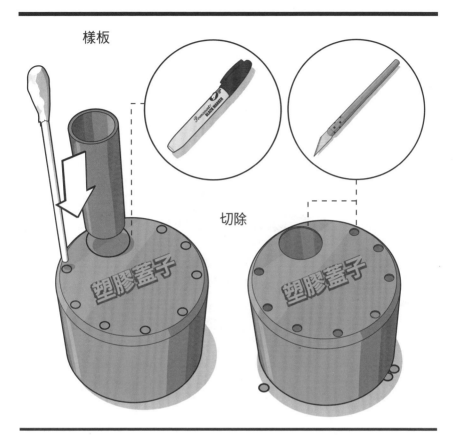

樣板

切除

塑膠蓋子

塑膠蓋子

下一個步驟是製作左輪手槍的彈巢。使用刮鬍膏容器的蓋子,那和噴霧器蓋子的尺寸很相近。不同大小的蓋子會改變這個發射器的外觀,請盡量嘗試不同的大小試看看,另外槍管會通過這個蓋子,所以必須在上面鑽一個洞。要鑽洞時可以用麥克筆的筆蓋作為樣板,先如圖所示在靠近邊緣處沿著麥克筆蓋描出一個洞,然後再描八個可以裝棉花棒子彈的小洞。將棉花棒一端的棉花移除,以便決定洞的大小。

現在,小心使用美工刀割下你剛才描繪的區域,然後分別在大的洞中試放槍管和其他小洞中試放棉花棒。這些洞不可能剛好是正圓形,可以把多餘的部分進行裁切,讓槍管和棉花棒能夠放進去。

步驟 7

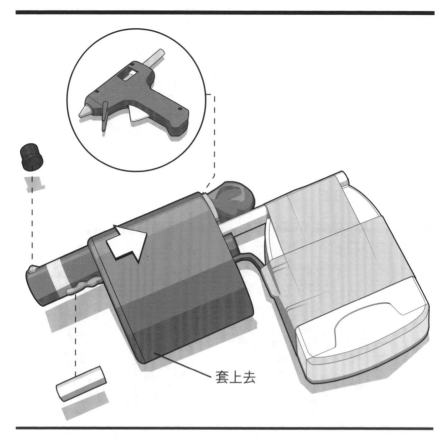

套上去

　　將左輪手槍的彈巢套到麥克筆槍管上，然後把筆蓋用熱熔膠黏到上圖的位置上。作為最後的加工，把後端的筆桿黏到槍桿前端作為內建的瞄具，然後把比較短的筆桿黏在槍管底下，模仿退彈桿。

　　現在把剩下八枝棉花棒的另一頭剪掉，然後把棉花棒塞進剛才在左輪手槍彈巢上裁切的小洞裡，可以增加子彈數量，也可以將不同類型的彈藥放進牙線盒槍把裡。

　　一切準備就緒！要發射時，將一根改造過的棉花棒放到槍管中，讓它掉進氣球裡，棉花頭朝外，用你的手指將棉花棒的棒子就定位，當你握住棉花棒並找到目標後，就往後拉並發射。

　　雖然棉花棒頭是棉花做的，但還是要瞄準安全的目標。

背心口袋迷你槍

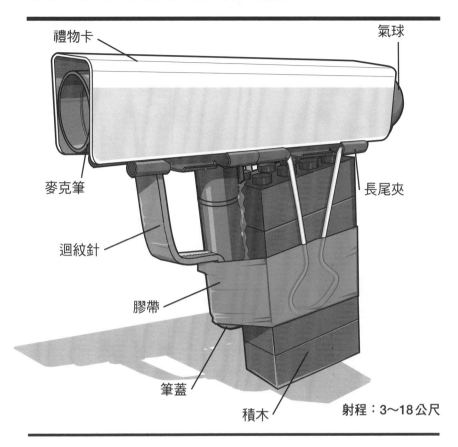

禮物卡　　　　　　　　　　　氣球

麥克筆

迴紋針

膠帶

長尾夾

筆蓋

積木　　　　　　　　射程：3～18公尺

　　背心口袋迷你槍外型華麗但威力十足，是一款非常受歡迎的二級隨身武器。當它發威時，可以將壞蛋的黨羽一舉殲滅。這把手槍另外內建了訂製的積木槍把，容易調整也便於攜帶。

所需物品

1枝繪圖用麥克筆
1個小氣球
牛皮膠帶
1個大迴紋針
2個中長尾夾（32公釐）
5個積木（2×4卡榫）
1個塑膠筆蓋
1個過期的塑膠禮物卡

工具

護目鏡
老虎鉗
美工刀
剪刀
熱熔膠槍

彈藥

1個以上的小顆硬糖果

步驟 1

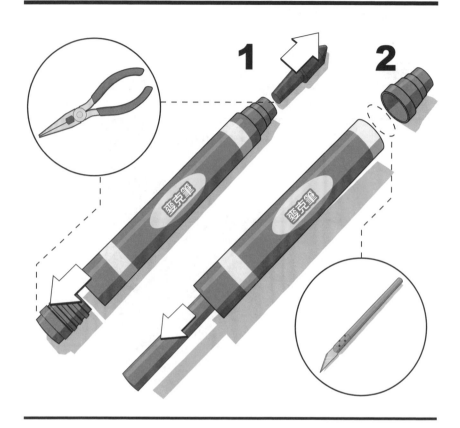

　　背心口袋迷你槍類似於本章提到的其他隨身武器，是由麥克筆製作的，可能的話，回收的麥克筆會比較好，因為材質會比較軟，但任何麥克筆都可以。用老虎鉗輕輕轉動麥克筆尾端的蓋子，把蓋子從筆桿上移除，然後用老虎鉗移除掉麥克筆筆尖的筆頭，把筆頭拿掉以免弄髒。

　　使用美工刀刺穿圖片顯示處的麥克筆外殼，然後慢慢轉動麥克筆。此時不要轉動刀片，而是轉動麥克筆的外殼，這樣裁切時會比較安全。當這端的外殼被移除後，裡頭的墨水筆芯應該就會滑出來，把筆芯丟掉。如果外殼還有殘留的墨水就先沖洗乾淨再瀝乾。

　　現在要把所有切割過程中產生的塑膠碎片清除乾淨，不讓這些碎片殘留在空心的筆管中，然後把麥克筆的筆蓋丟棄。

步驟 2

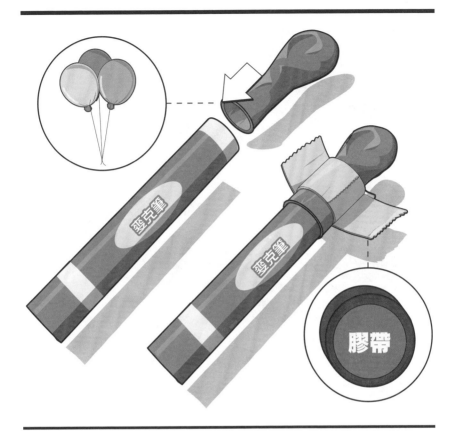

膠帶

　　背心口袋迷你槍配備了不可思議的單發射擊系統，這個發射器是由氣球製作。把水球大小的氣球裝到筆桿尾端，讓大部分的氣球都包覆住筆桿。確定好位置後，留下大約1.3到1.9公分的突出後，將氣球牢牢固定在位置上。測試一下膠帶是否黏得夠牢，如果有需要可以再黏上更多膠帶，一定要在繼續製作其他部分前確認已經黏牢了才行。

　　如果氣球太大，可以用剪刀從吹口端剪掉一部分，然後將剩下的部分套回筆桿。

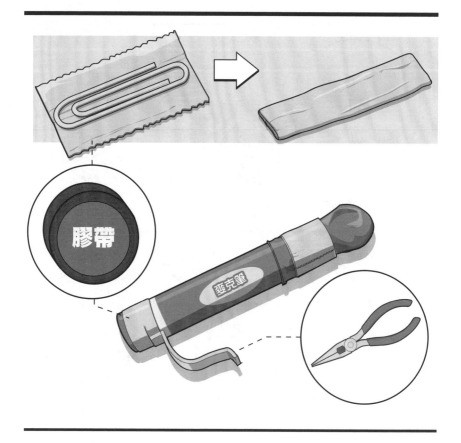

扳機護環是由大迴紋針和牛皮膠帶製作而成的,將迴紋針放在比迴紋針稍大的牛皮膠帶有黏性的那一面上,將迴紋針包緊,完全包覆起來。接下來使用老虎鉗慢慢彎折迴紋針,讓它看起來像圖片中板機護環的樣子。迴紋針總共要折三次,三次都是折90度,第一折先從中間的90度開始。

現在,如圖所示把板機護環黏到麥克筆槍桿上,板機護環的位置應該從槍桿頭算來約1.3公分處開始,確定好位置後就用牛皮膠帶固定。

步驟 4

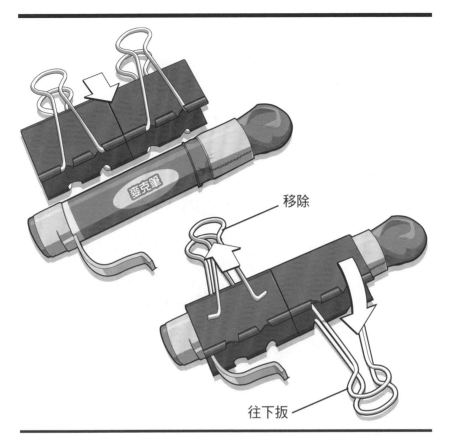

移除

麥克筆

往下扳

　　現在將兩個中長尾夾，夾到麥克筆的筆桿上，將兩個夾子並置於中央，長尾夾的位置就和板機護環的位置相對。

　　拿掉離氣球較遠那組長尾夾的金屬把手，並把後面一組的把手往下扳。

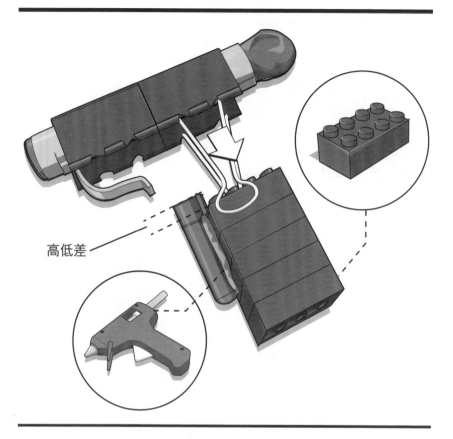

高低差

開始背心口袋迷你槍的槍把組裝,將五個2×4卡榫的積木組合在一起。

接下來,把塑膠筆的筆蓋夾折斷或裁斷,然後用熱熔膠或膠帶將改造過的筆蓋黏到積木組側邊中央,筆蓋應該突出積木組圓凸端約0.6公分。

將這個訂製的槍把塞進兩個金屬長尾夾之間。

步驟 6

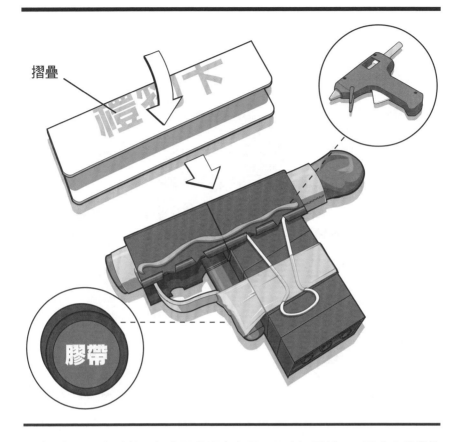

摺疊

膠帶

　　槍把裝置已經位於兩個金屬長尾夾之間,此時如圖所示,用牛皮膠帶依序將筆蓋、積木組與長尾夾把手纏繞固定在位置上。

　　要進一步完成槍桿設計,必須先將塑膠禮物卡摺兩摺分成三個部分,中間部分要和長尾夾一樣寬,最後用熱熔膠將這張改造過的卡片黏到長尾夾上,讓槍桿看起來更有型。

其他改造

　　由於背心口袋迷你槍非常小巧，缺少彈藥儲存的空間，不過這個問題只要用一個可拆裝瓶蓋製作側掛裝置就能快速解決。

　　用折刀的刀鋒小心將飲料塑膠軟罐的螺狀瓶口裁切下來，類似糖果克拉克33手槍的發射裝置（見15頁）。

　　移除瓶口後，如圖所示將它黏到背心口袋迷你槍的側邊，右撇子的槍手應該要把這個裝置裝在槍把左側，左撇子槍手則是裝在右側。當瓶口安裝上去、熱熔膠也冷卻後，將糖果子彈裝進去，並用原本的飲料蓋子封起來。

金槍

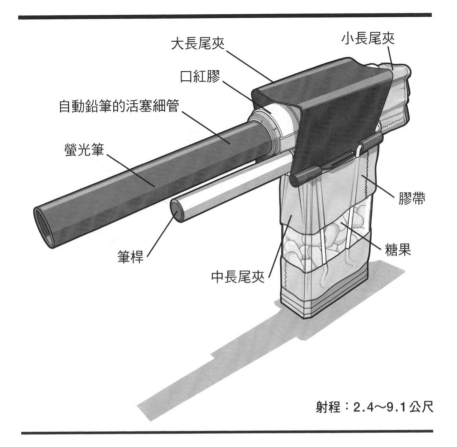

大長尾夾

小長尾夾

口紅膠

自動鉛筆的活塞細管

螢光筆

膠帶

筆桿

糖果

中長尾夾

射程：2.4～9.1公尺

　　金槍是間諜史上壞蛋最喜愛的武器之一，我們的複製版本是由日常用品所製造，雖然不是使用真的黃金，但近距離的射擊能力依舊非常傑出。

所需物品
1枝便宜的自動鉛筆
1枝塑膠的原子筆
1個口紅膠（8公克）
1枝中螢光筆
牛皮膠帶
1條粗橡皮筋
1個中長尾夾（32公釐）
1個薄荷糖盒子
1個大長尾夾（51公釐）
2個小長尾夾（19公釐）

工具
護目鏡
美工刀
老虎鉗、鋼絲鉗或工業剪刀
普通剪刀

彈藥
1個以上的小顆硬糖果

步驟 1

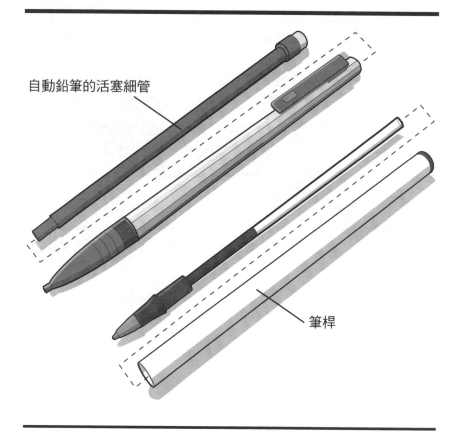

自動鉛筆的活塞細管

筆桿

　用蠻力拆開一枝便宜的自動鉛筆，先把裡面的鉛筆活塞細管抽出來，鉛筆桿可以丟掉或是留著未來製作其他小兵器時使用，但這個物件目前用不到。

　接下來拆解一枝塑膠原子筆，把筆尖和墨水筆芯拿掉，不過筆桿尾端的筆蓋可以留著，然後留下筆桿，其他部分可以丟棄。

步驟 2

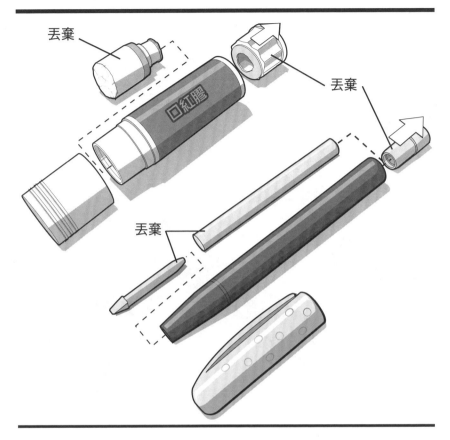

丟棄

口紅膠

丟棄

丟棄

　　拿一條8公克的口紅膠並移除它的蓋子、旋轉底座和裡面的膠條，推桿也拿掉。旋轉底座應該扳一下就會斷掉，但如果扳不下來，可以使用老虎鉗把它拆掉。把膠條和旋轉底座都丟棄，但可以把蓋子留下來，之後要做棉花棒吹箭筒時可以使用（111頁）。

　　接下來要拆解一枝螢光筆，小心將筆頭和裡面的墨水筆芯拿掉，要是筆桿內有殘留墨水，可以沖洗乾淨後晾乾。把其他零件都丟掉，只留下螢光筆的筆蓋，筆蓋可以留著之後做鐳射光鯊魚時使用（241頁）。

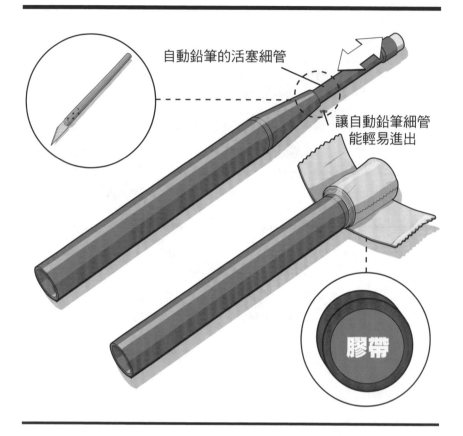

自動鉛筆的活塞細管

讓自動鉛筆細管
能輕易進出

膠帶

　　使用美工刀，增加螢光筆桿窄端的內部直徑，可以慢慢旋轉刀片並小心移除刨下來的薄片，或是裁切尾端0.6公分，讓筆桿變短，最終目的是要讓自動鉛筆的活塞細管能夠輕易進出螢光筆的中空部分。

　　接下來，使用牛皮膠帶增加螢光筆外部的直徑，讓它與口紅膠管內部的直徑相符。

步驟 4

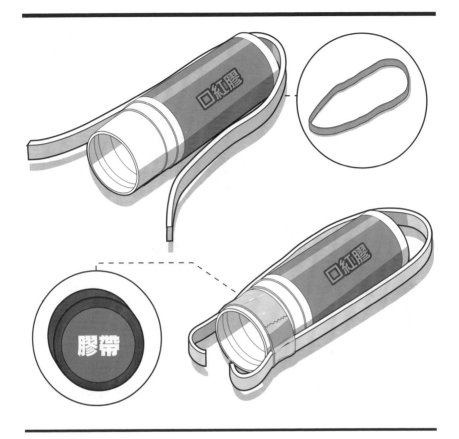

　　使用剪刀剪斷一條粗橡皮筋，如圖所示將橡皮筋繞過口紅膠管底部，以底部為中心平分兩邊橡皮筋的長度。在橡皮筋圈合起來的那端留下約1.3公分的空間，不要超過這個大小，然後把橡皮筋用膠帶固定起來。

　　鬆開的橡皮筋兩端會在接下來的步驟塞進螢光筆的筆桿裡。

步驟 5

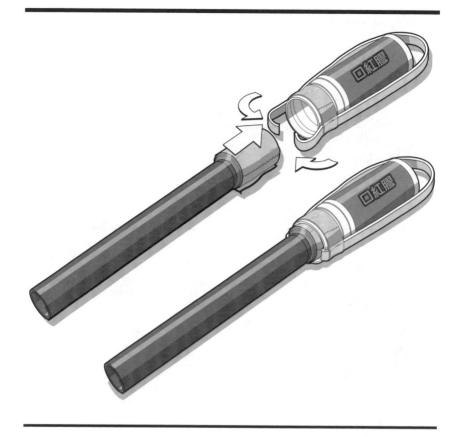

　　將纏繞了膠帶的螢光筆尾端塞進口紅膠管裡，此時要塞緊，讓橡皮筋尾端也塞進管子裡。要是無法塞緊，可以在螢光筆桿上繼續纏上膠帶，增加外管的直徑。

步驟 6

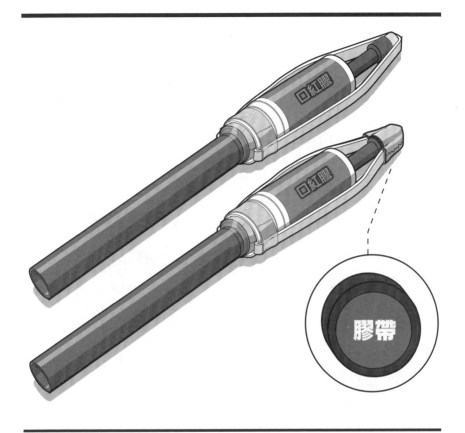

　　現在把橡皮筋推到一邊,並把自動鉛筆的活塞細管(步驟1時製作的)塞進口紅膠的旋轉底座,塞進去之後就用膠帶將自動鉛筆的橡皮擦那端和橡皮筋纏繞起來,之後的步驟會再加上其他零件。

步驟 7

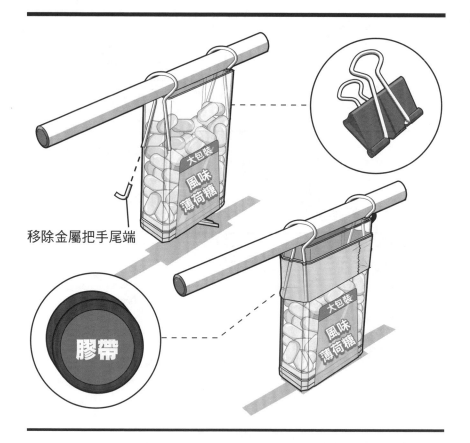

移除金屬把手尾端

膠帶

　　金槍的板機非常獨特，在所有小兵器的發射裝置中都看不到這種裝置，它是一種由彈簧啟動的板機，可以讓槍手用單手握住發射器開槍。

　　開始組裝時會需要用上老虎鉗、鋼絲鉗或工業用剪刀，把中長尾夾的兩個金屬把手尾端剪掉，要是不小心的話，可能會被這個金屬尾端刺到。這個尺寸的長尾夾金屬把手環應該夠大，可以容納原子筆桿。將兩個金屬把手套在筆桿上，然後把筆桿放在薄荷糖盒子的底部，是糖果出口端的另一邊。如圖所示，把兩個金屬把手用膠帶固定在盒子上，筆桿應該要能在有限範圍內前後滑動，但不會整個鬆脫。

步驟 8

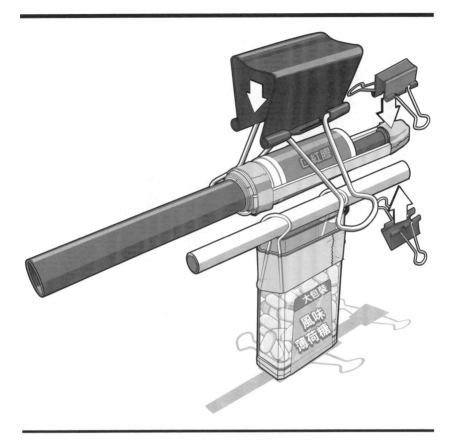

　　好了，特務們，接著要用長尾夾來組裝金槍。將口紅膠槍桿組放到可以滑動的筆桿上頭，然後用一個大長尾夾固定位置。

　　接下來將一個小長尾夾，夾到纏了膠帶的活塞細管的橡皮擦端，然後將金屬把手移除。下方的原子筆桿上也重複同樣的動作，確認好位置後，同樣把金屬把手移除。

步驟 9

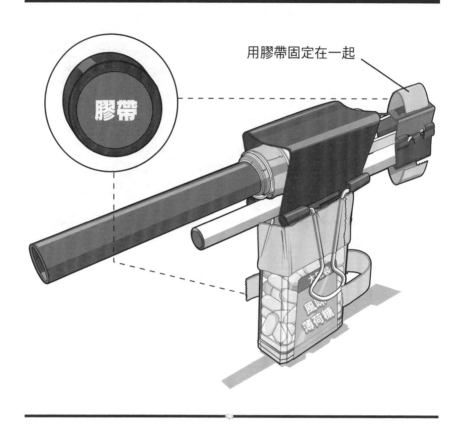

用膠帶固定在一起

膠帶

完成金槍的最後步驟是用牛皮膠帶固定大長尾夾和槍桿到薄荷糖盒子上。

最後,將兩個小長尾夾用膠帶牢牢固定在一起,完成板機的部分。組裝好之後,在槍桿裡放進薄荷糖或其他小顆的硬糖果,用你的手指作為板機將具有彈性的活塞細管往後推,然後快速鬆開進行發射。

解決射程問題:為了增加金槍的射程,可以重新調整橡皮圈的位置使其發揮最大彈性,裝置妥當的話可以讓子彈的射程增加許多。

解決無法發射的問題:在發射前,當你將板機(和活塞細管)往後拉時,將槍桿往後傾斜,讓糖果落在活塞細管上,然後再鬆開板機。

長尾夾貝瑞塔92手槍

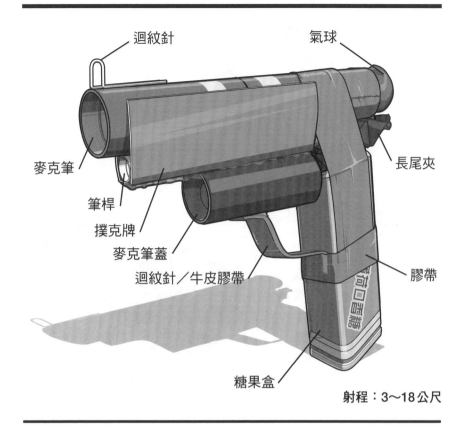

- 迴紋針
- 氣球
- 麥克筆
- 筆桿
- 撲克牌
- 麥克筆蓋
- 迴紋針／牛皮膠帶
- 長尾夾
- 膠帶
- 糖果盒

射程：3～18公尺

長尾夾貝瑞塔92手槍只能單發且槍桿過長，不過它的大糖果盒可以彌補這2個設計上的缺憾。通用型的設計有利於加掛許多任務取向的升級設備，像是前掛式的閃光燈或雷射筆。

所需物品

3個小長尾夾（19公釐）
1個塑膠原子筆
2枝繪圖用麥克筆
1個氣球
牛皮膠帶
1個塑膠薄荷口香糖盒
1張撲克牌
1個小迴紋針
1個大迴紋針

工具

護目鏡
熱熔膠槍
美工刀
老虎鉗
剪刀

彈藥

1個以上的小顆硬糖果

步驟 1

　　將熱熔膠塗在兩個小長尾夾底部，然後小心地將它們合在一起，等熱熔膠冷卻後再放開，然後如圖所示將四個金屬把手拿掉三個。

　　接著用熱熔膠將第三個小長尾夾黏到剩下的金屬架頭頂。

步驟 2

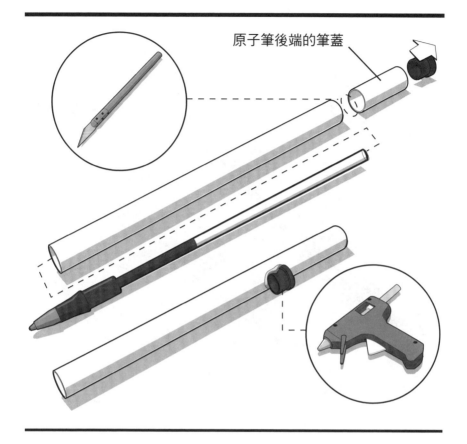

原子筆後端的筆蓋

接下來，拆解一枝塑膠原子筆，把筆頭、墨水筆芯和後端的筆蓋拿掉。如果需要工具拆掉後端筆芯，可以使用美工刀（小心使用！）或是小枝的老虎鉗。

現在，用美工刀裁切掉2.5公分的筆桿，裁切掉的那一小段筆桿可以丟棄，然後使用熱熔膠槍把原子筆後端的蓋子黏到筆桿上從尾端算來大約1.9公分的地方。

步驟 3

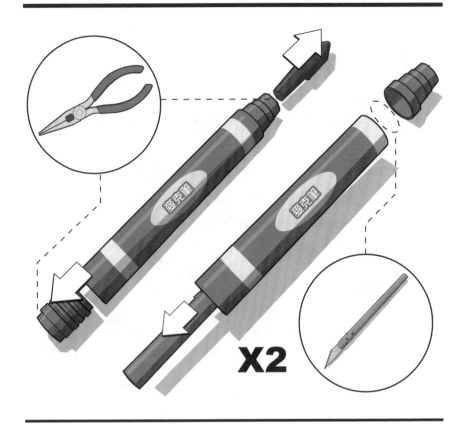

X2

　　這個發射器長度需要改造兩枝繪圖用的麥克筆才行。和之前一樣，如果是回收塑膠製作的麥克筆會更好，因為這樣外殼會比較柔軟，但任何麥克筆都可以。接著用老虎鉗輕輕轉動麥克筆尾端的蓋子，把蓋子從筆桿上移除，再用老虎鉗移除掉麥克筆筆尖的筆頭，把筆頭拿掉以免弄髒。

　　使用美工刀刺穿圖片顯示處的麥克筆外殼，然後慢慢轉動麥克筆。此時不要轉動刀片，而是轉動麥克筆的外殼，這樣裁切時會比較安全。當這端的外殼被移除後，裡頭的墨水筆芯應該就會滑出來，把筆芯丟掉。第二枝麥克筆也重覆同樣動作，如果外殼還有殘留的墨水就先沖洗乾淨再瀝乾。

　　現在要把所有切割過程中產生的塑膠碎片清除乾淨，不讓這些碎片殘留在空心的筆管中。留下一個麥克筆的筆蓋，另一個可以丟棄。

步驟 4

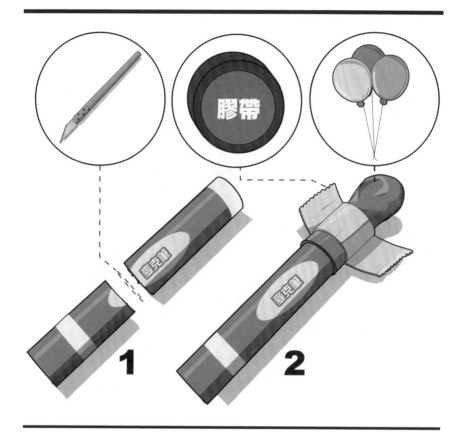

從一枝麥克筆尾端開始算約5公分的地方,用美工刀慢慢裁切。

在第二枝麥克筆尾端套上一個小氣球,讓大部分的氣球都包覆住筆桿,只留下大約1.3到1.9公分突出於尾端,之後用膠帶牢牢將氣球固定在位置上。測試一下膠帶是否黏得夠牢,如果有需要可以再黏上更多膠帶,一定要在繼續製作其他部分前確認已經黏牢了才行。

如果氣球太大,可以用剪刀從吹口端剪掉一部分,然後將剩下的部分套回筆桿。

步驟 5

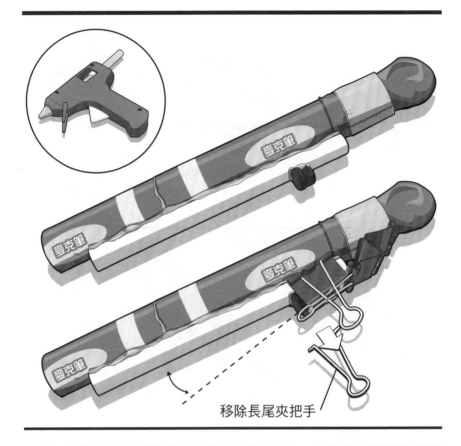

移除長尾夾把手

　　使用膠帶或是熱熔膠槍將兩枝麥克筆桿接起來,並將截短後的原子筆桿黏在麥克筆桿上。如圖所示,原子筆應該從麥克筆桿最前頭往後約0.6公分的地方開始黏起。

　　接下來,把長尾夾組夾到筆桿上和筆尾端的蓋子上,黏好後筆桿和長尾夾應該會有一點角度,並非完全平行(如圖所示),這樣是比較好的狀態。當你確認好位置後就把兩個金屬把手拿掉,但黏起來的把手不要拿掉。

步驟 6

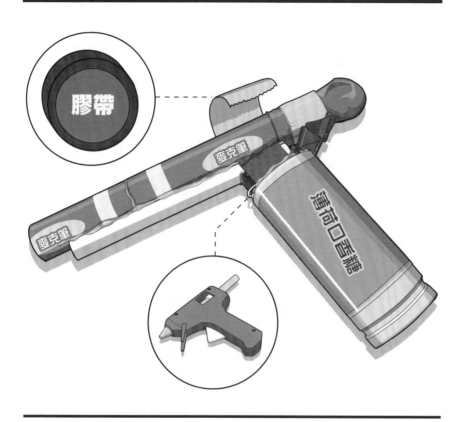

膠帶

麥克筆

麥克筆

薄荷口香糖

　　我們建議你找一個塑膠的薄荷口香糖盒來製作這把手槍，如果沒有的話，也可以用手掌大小的美容美體產品容器取代，像是去汗止味劑等產品。接著將容器黏到長尾夾上，等熱熔膠冷卻後再纏上更多膠帶讓它們黏得更牢固。

步驟 7

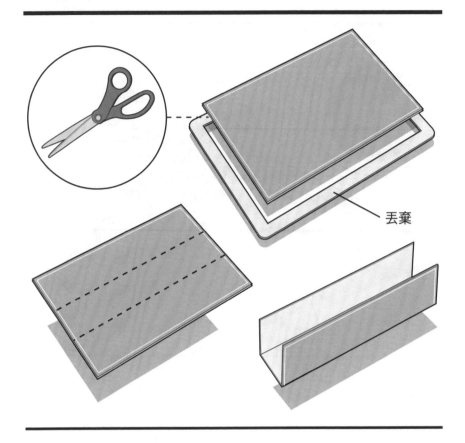

丟棄

使用撲克牌完成這個槍桿的工業風造型。

首先,用剪刀把卡片剪小一點,沿著卡片邊緣剪下大約0.5公分寬,或就直接把邊框剪掉(如果邊框的寬度就大約是0.5公分的話)。

接下來,摺兩摺將卡片摺成三個部分,中間的部分必須和筆桿差不多寬。

步驟 8

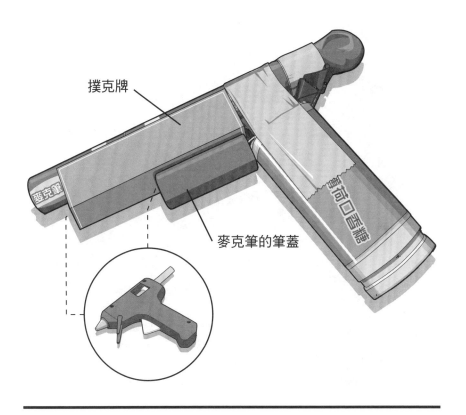

撲克牌

麥克筆

麥克筆的筆蓋

薄荷口香糖

　　如圖所示，將改造過的撲克牌黏到筆桿下方，如果需要可以裁剪和進行調整讓它能吻合筆桿大小。

　　接下來，把剛才留下來的麥克筆蓋黏到撲克牌底部，並如圖所示將筆蓋抵著薄荷口香糖盒。

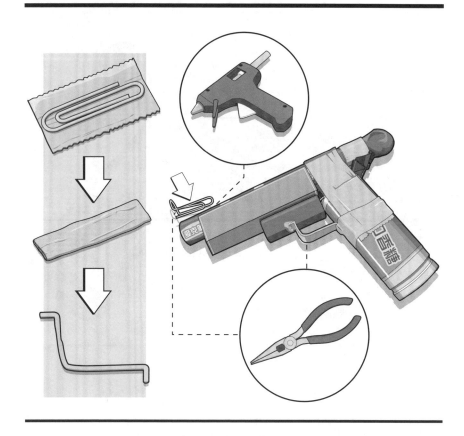

　　使用一個小迴紋針和大迴紋針來完成最後步驟，小迴紋針將被改造成一個簡單的槍桿瞄具。如圖所示，先將迴紋針的一端折成90度角，使用熱熔膠或是膠帶將它固定到槍桿一端。

　　大的迴紋針要用來做扳機護環，將迴紋針放在比迴紋針稍大的牛皮膠帶有黏性的那一面上，將迴紋針包緊，完全包覆起來，接下來使用老虎鉗慢慢彎折迴紋針，讓它看起來像圖片中板機護環的樣子。迴紋針總共要折三次，三次都是折90度，第一折先從中間的90度開始。當你的扳機護環看起來和圖片上一樣時，就用熱熔膠或膠帶固定到發射器上。

　　在你準備執行任務前，先在槍桿裡裝上一些測試彈藥，像是薄荷糖或是其他的小顆硬糖果。當子彈滑進氣球裡時，用手指抓住糖果並往後拉，找到你的目標並發射，切記不可瞄準人或其他生物。

點44麥克筆麥格農手槍

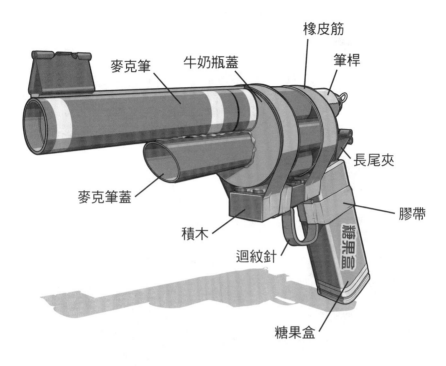

橡皮筋

筆桿

麥克筆　　　牛奶瓶蓋

長尾夾

膠帶

麥克筆蓋

積木

迴紋針

糖果盒

射程：3～9.1公尺

　　點44麥克筆麥格農手槍曾經被稱為「全世界火力最強勁的小兵器」，大而重的彈巢結構與具有彈性的後拉板機是它的特色，能夠高速發射小顆的糖果子彈並在槍把中儲存額外的彈藥。

所需物品
4枝繪圖用麥克筆
2個塑膠牛奶瓶的蓋子
1枝塑膠原子筆
1個小長尾夾（19 公釐）
2條橡皮筋
牛皮膠帶
1根冰棒棍
1個中長尾夾（32公釐）
2個大迴紋針
1個2×6卡榫的積木
1個薄荷口香糖的塑膠盒子

工具
護目鏡
美工刀
老虎鉗
熱熔膠槍

彈藥
1個以上的小顆硬糖果

步驟 1

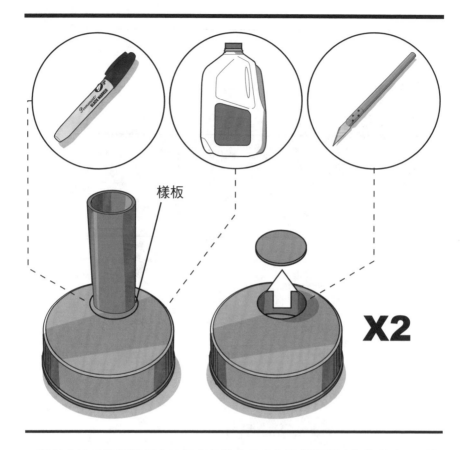

樣板

X2

　　這把左輪手槍彈巢是由三個麥克筆蓋子夾在兩個塑膠牛奶瓶蓋之間所製作而成，麥克筆槍桿會穿過手槍彈巢，不過在進行到這一步之前，必須先裁切兩個小洞口才能進行下去。

　　首先，使用一個麥克筆蓋作為樣板，然後如上圖所示，在兩個塑膠牛奶瓶蓋邊緣上沿著麥克筆蓋的形狀描線，然後小心用美工刀把兩個圓形裁切下來，這兩個圓不需要是正圓形。

步驟 2

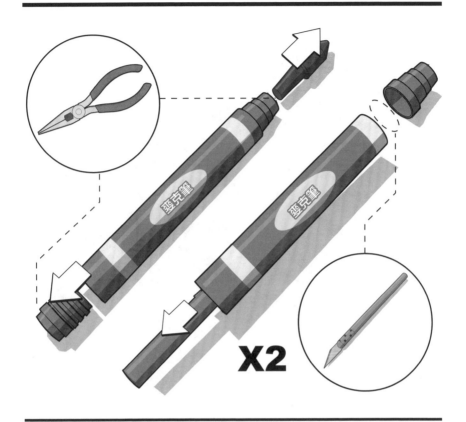

X2

　　點44麥克筆麥格農手槍的製作，必須用到兩枝繪圖用麥克筆，每枝的直徑為1.3公分，可以的話最好使用回收塑膠所製造的麥克筆，因為回收的材質比較薄，比較好裁切。接著用老虎鉗分別輕輕轉動兩枝麥克筆尾端的蓋子，把蓋子從筆桿上移除，然後用老虎鉗移除掉麥克筆筆尖的筆頭，把筆頭拿掉以免弄髒。

　　使用美工刀刺穿圖片顯示處的麥克筆外殼，然後慢慢轉動麥克筆。此時不要轉動刀片，而是轉動麥克筆的外殼，這樣裁切時會比較安全。當這端的外殼被移除後，裡頭的墨水筆芯應該就會滑出來，把筆芯丟掉，然後第二枝麥克筆也重覆同樣動作，如果外殼還有殘留的墨水就先沖洗乾淨再瀝乾。

　　記得要把所有切割過程中產生的塑膠碎片清除乾淨，不讓這些碎片殘留在空心的筆管中。

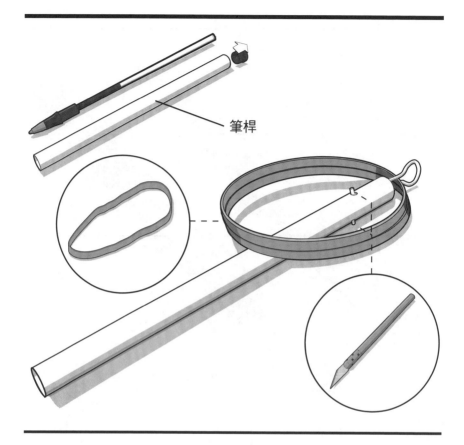

筆桿

拆解一枝塑膠原子筆，要移除後方筆蓋時可能會需要美工刀或老虎鉗，成為空心的筆桿會被用來作為點44麥格農手槍的板機，最後把其他零件丟棄。

接下來，在距離筆桿尾端1.3公分處鑿出兩個相對的小洞。這兩個洞要很小，能放進小長尾夾的金屬把手即可。

移除一個小長尾夾的金屬把手，然後將兩條橡皮筋套在筆桿上，確定好位置後，將長尾夾的金屬把手塞進筆桿，讓金屬把手兩個尖端卡進剛才你挖的兩個小洞裡，並從洞口冒出來，如果需要的話可以調整洞的大小或長度。

步驟 4

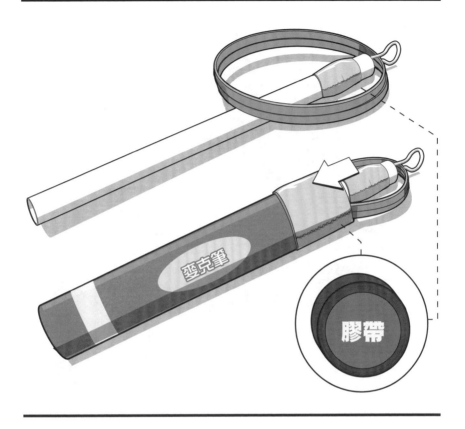

　　為了避免受傷和讓它比較穩固，在筆桿尾端纏繞上一點牛皮膠帶，將突出來的金屬把手尖端覆蓋起來。

　　接下來，將你的點44麥格農手槍的板機放進其中一個空心的麥克筆桿中，確定好位置後，用牛皮膠帶將橡皮筋緊緊黏在麥克筆桿上，試拉幾次板機確認膠帶的黏力是否夠強，如果需要的話可以再多纏一些膠帶。

步驟 5

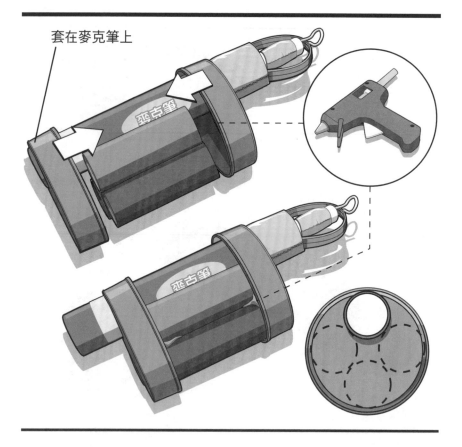

套在麥克筆上

　　現在把安裝了板機的麥克筆桿套進兩個改造過的塑膠牛奶瓶蓋，瓶蓋往中間靠齊麥可筆蓋尾端。

　　將兩個牛奶瓶蓋中間的三個麥克筆蓋塞緊，並使用熱熔膠固定整個組裝的位置。麥克筆槍桿應該至少要從筆蓋延伸0.6公分，1.3公分是最理想的，參考以上圖片調整成適當的距離和位置。

步驟 6

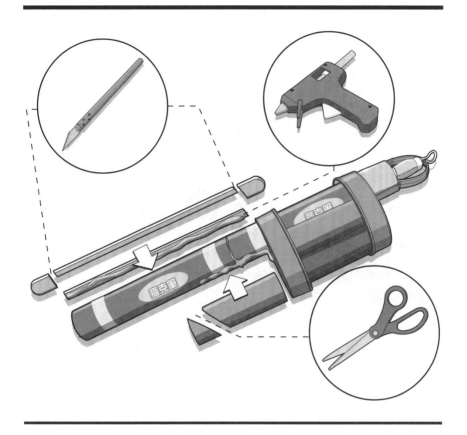

　　用熱熔膠小心地將第二枝空心的麥克筆桿黏到第一枝麥克筆桿尾端，增加槍桿長度，黏的時候要注意槍桿內部熱熔膠的用量不要太多，因為膠水過多可能會影響板機的使用。

　　想要增加槍桿的支撐和造型，可以如圖所示將一個麥克筆蓋黏到槍桿組的底部，也可以用美工刀在筆蓋上裁切出一個角度，讓它看起來更真實。

　　另外，可以將裁切過的冰棒棍用熱熔膠黏到槍桿上頭作為支撐，冰棒棍的長度取決於槍桿長度，裁切冰棒棍使其長度和寬度可以吻合槍桿上頭的空間。在裁切冰棒棍時也可以使用金屬直尺來輔助。

點44麥克筆麥格農手槍

步驟 7

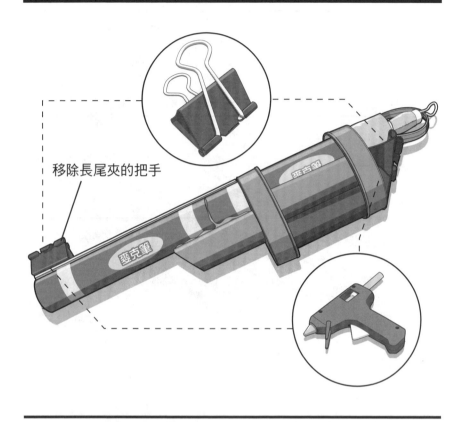

移除長尾夾的把手

　　將小長尾夾剩下的一個金屬把手和中長尾夾的兩個金屬把手都移除。現在依照圖示用熱熔膠將長尾夾黏到麥格農手槍上，槍桿尾端的小長尾夾會被用來作為這把神槍的瞄具，中長尾夾要用大量熱熔膠黏在牛奶瓶蓋後方，作為槍架。

步驟 8

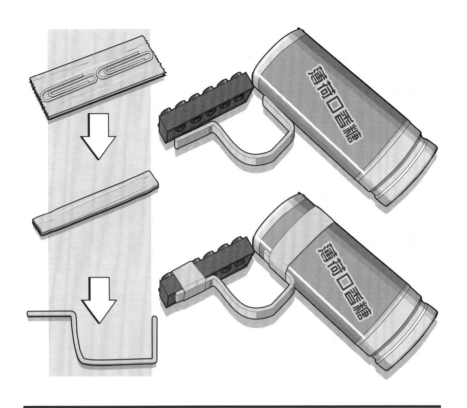

現在要來製作板機護環韓槍把的細節。使用兩個大迴紋針作為內框,如圖所示,將兩個迴紋針尾巴對尾巴放在稍微大一點的牛皮膠帶黏的那一面上,將迴紋針包緊,讓它們完全包覆在牛皮膠帶中。然後如左下圖所示,用老虎鉗慢慢彎折迴紋針,讓它看起來像板機護環的樣子,迴紋針總共要折三次,三次都是折90度。

用膠帶或是熱熔膠將板機護環平的那面黏到2×6卡的塑膠積木上,積木也可以用其他類似東西取代。

迴紋針板機護環後端要和薄荷口香糖的塑膠盒黏在一起,也可以自己選擇其他身邊有的替代物品。

步驟 9

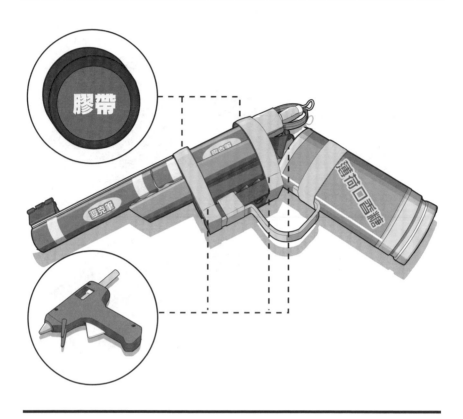

　　現在使用熱熔膠把槍把和槍桿結合在一起。為了加強支撐，可以如圖所示在牛奶瓶蓋和積木上多纏繞一些膠帶。

　　把子彈裝到槍桿裡並且讓子彈往後滑到筆桿板機，將板機往後拉並發射。

　　這是一把很精緻的小兵器，可以隨自己喜好訂製，微調到完美的程度。衛生紙捲筒可以作成手槍皮套，在捲筒上剪開兩條縫就可以把手槍塞進捲筒裡。

圓頭子彈

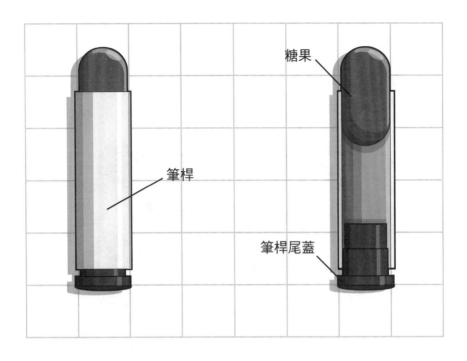

糖果

筆桿

筆桿尾蓋

多數小兵器的發射器都有數種彈藥選擇，可以是小顆的糖果，也可以是迷你棉花糖，但圓頭「子彈」則給了自製武器愛好家一種更道地的選擇。這個子彈因為體積的關係射程不遠，卻比糖果子彈更棒。

所需物品　　　　　　　**工具**
1枝塑膠原子筆　　　　　　美工刀
1顆薄荷糖

步驟 1

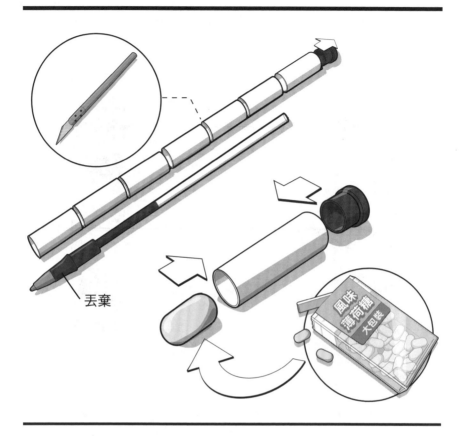

丟棄

　　圓頭子彈的彈殼是用簡單的塑膠原子筆製作而成，首先拆解原子筆，把後端的尾蓋拿掉，如果需要的話可以用美工刀或是小的老虎鉗。拿掉墨水筆芯，剩下的其他零件之後會再度利用。

　　現在如圖所示，用美工刀小心裁切一段段各1.9公分的筆桿，每段筆桿都將作為子彈的彈殼。接下來將薄荷糖從裁斷的筆桿一端塞進去，塞進去時會很緊，這樣的感覺是對的，只要把糖果塞到筆桿的一半即可。

　　最後把尾蓋再次塞回去，此時尾蓋無法完全密合，就成為了「凸緣」。打開你的書桌抽屜，看看有沒有更多尾蓋可以把剩下的一段段筆桿也都做成圓頭子彈。

　　絕對不能把小兵器瞄準人類或動物！雖然機率不大，但圓頭子彈有可能在受到撞擊的情況下碎裂，意外隨時可能發生。

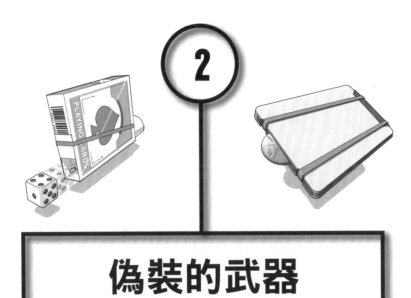

偽裝的武器

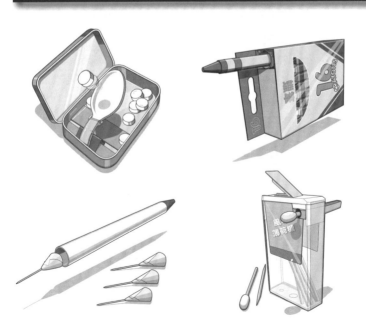

半自動骰子發射器

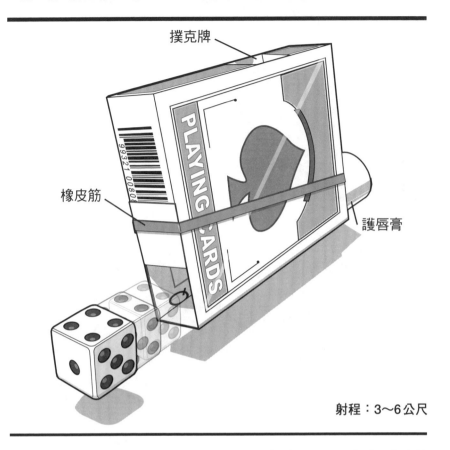

撲克牌

橡皮筋

護唇膏

射程：3～6公尺

　　不管是007還是哪位特務，當有特務間諜的性命危在旦夕之時，你通常會被派去執行機密任務接近目標，目標代號：兔子。這時你可不能洩漏了真實身分，掩護身分需要技巧與訓練，而半自動骰子發射器可以讓你將對手殺個措手不及。

所需物品
1副盒裝的撲克牌
1條護唇膏
1條寬橡皮筋

工具
護目鏡
剪刀
強力膠或熱熔膠槍
美工刀

彈藥
3個以上的骰子

步驟 1

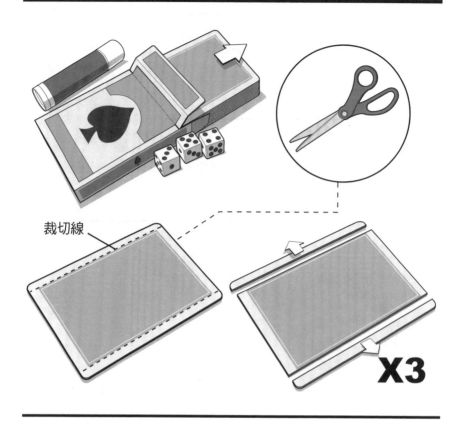

裁切線

X3

　　先把材料放在一起，用剪刀剪掉撲克牌長邊約 1 公分的邊，然後將其他兩張撲克牌也重覆同樣動作，短邊不要剪。每張撲克牌設計的圖案不一樣，有些撲克牌上原本就有邊框，你也可以把那個邊框當作修剪的裁切線。

步驟 2

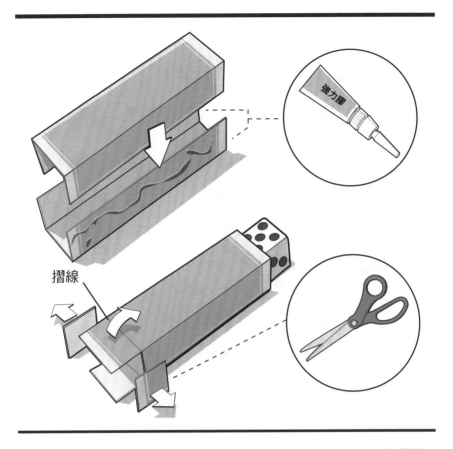

摺線

現在將兩張裁切過的撲克牌摺兩次，形成一個三面的溝槽，兩條摺線中間的寬度必須跟撲克牌紙盒的厚度相同，因此要將撲克牌紙盒放在中間再摺撲克牌。將兩張牌嵌合在一起，形成一個隧道，測試看看骰子是否能在隧道裡順利滑動，然後用強力膠或熱熔膠將兩張撲克牌黏在一起。

在卡片隧道一端，將四個角各剪下1.3公分的切口，接著把四邊摺成90度，再如圖所示把摺起來的兩個相對向的折片剪掉，只留下另外兩片。

步驟 3

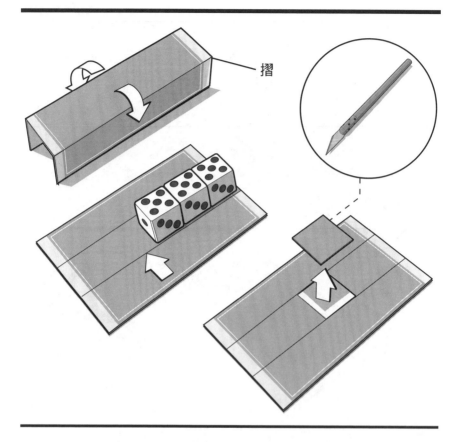

摺

　　將第三張裁切過的撲克牌如同前兩張那樣摺成三面的溝槽，兩條摺線中間的寬度必須跟撲克牌紙盒的厚度相同。

　　摺好之後，再度將撲克牌打開攤平，用骰子作為樣板，如圖所示將三顆骰子從邊緣開始排列，一起接續排在撲克牌中間的區段，然後把最裡面那顆骰子描邊並用美術刀把那個正方形裁切下來。

步驟 4

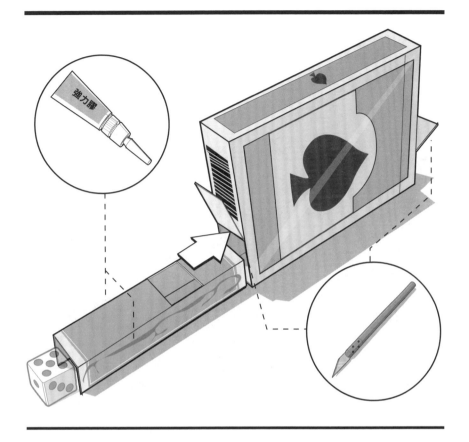

　接著，在撲克牌盒兩邊的底部各開一個小門，每個門的開口應該和剛才摺過的撲克牌高度差不多。

　將那張撲克牌兩邊塗上膠水，再如圖所示以溝槽開口朝下的方向，小心套進撲克牌盒子裡。把手指伸進去一起按住撲克牌面和撲克牌壁面。撲克牌面要和撲克牌盒子底部對齊，骰子應該要能在這個通道間暢行無阻。

步驟 5

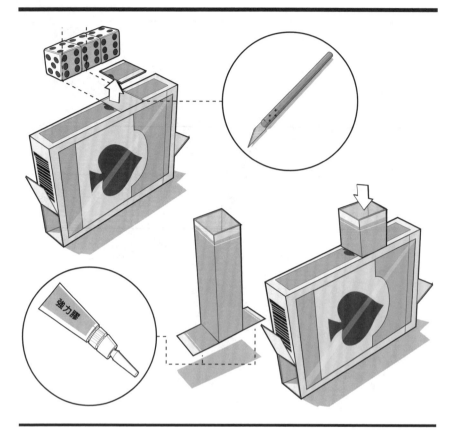

現在你需要在撲克牌盒子頂端再開一個洞,位置就和你剛才從撲克牌溝槽移除的骰子大小盒子對齊。用三個骰子來測量確切的距離,然後用美工刀裁切盒子。

把強力膠塗在我們剛才展開的兩片撲克牌折片上,然後把撲克牌塞進你剛才裁切的洞裡,把撲克牌和已經固定在盒子裡的溝槽黏在一起,等膠水乾了之後,丟幾個骰子進去溝槽裡,確認骰子可以從頭到尾通過兩個通道。

步驟 6

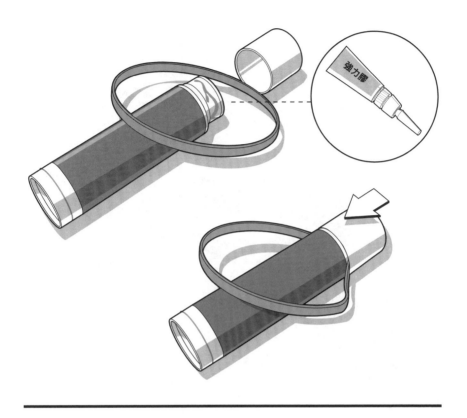

接下來，把護唇膏的蓋子移除，然後在瓶口表面塗上一點強力膠或熱熔膠。

將一條寬橡皮筋繞過開口上頭，並將蓋子蓋回護唇膏上，橡皮將會被夾在蓋子和護唇膏中間，讓它固定住位置。

步驟 7

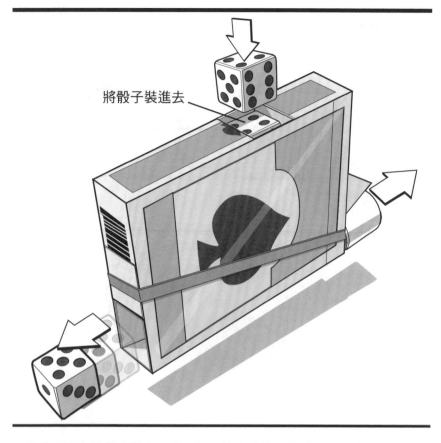

將骰子裝進去

　　將護唇膏塞進撲克牌盒子的後門，然後將橡皮筋纏繞在盒身上，這樣就完成了！

　　將幾個骰子從上面的洞裝進去，那個洞就是你的彈夾，當你將護唇膏板機往後拉時，就會有一個骰子落進彈膛中，此時鬆開板機就能發射骰子子彈。

　　不想讓別人認出這是武器的話，就把橡皮筋拿掉、收進盒子裡，然後把撲克牌盒的兩個折片收起來。還有比這更棒的偽裝嗎？

禮物卡硬幣發射器

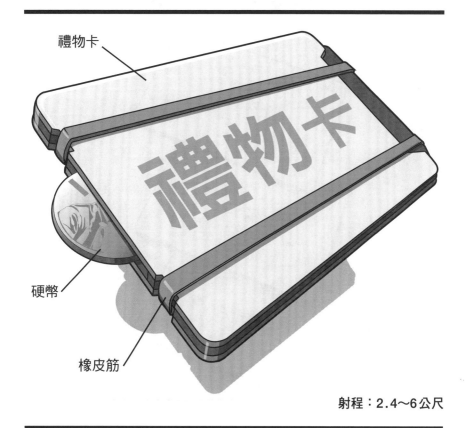

礼物卡

硬幣

橡皮筋

射程：2.4～6公尺

　　如紙一般薄的禮物卡硬幣發射器使用了最新的奈米技術製作，這個武器很適合藏在口袋或錢包裡，等到有需要時再取出對付敵人。這個發射器是用過期或已經沒有餘額的禮物卡來偽裝，可以逃過任何安全檢查，不過請記得，你的口袋裡要放一些硬幣而不是紙鈔。

所需物品
3張過期或零餘額的塑膠禮物卡
2條粗橡皮筋

工具
護目鏡
油性簽字筆
美工刀或剪刀

強力膠或熱熔膠槍

彈藥
一個以上的硬幣

步驟 1

　　首先，找出三張禮物卡，在家裡找找是否有過期或是零餘額的禮物卡，促銷用、沒有效用的信用卡或已經不使用的會員卡也可以。這三張卡片會拿來黏合或裁切，所以不要選還能使用的卡片。

步驟 2

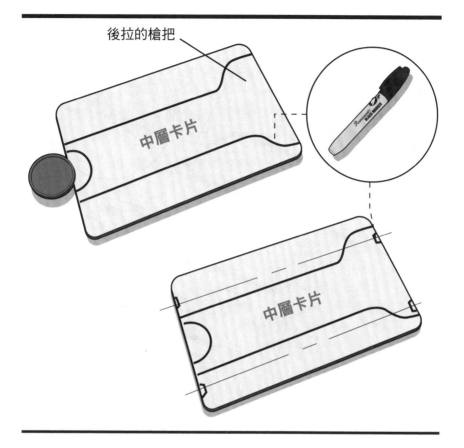

後拉的槍把

中層卡片

中層卡片

中層卡片會被製作成發射裝置，也是這個作品中最複雜的部分。

將你要用來當作子彈的硬幣一半放在卡片中間，然後用油性簽字筆沿著硬幣描線，以上動作請參考圖示。這個半圓形的大小會根據硬幣大小而不同，但最後的結果都會是相同的。

在同一張卡片上畫兩條平行線，這兩條線會和硬幣稍微有點距離，線延伸到另一端時將兩條線之間的距離加大，這個地方最後會成為後拉的槍把。

裁切四個小切口，大小約和兩條寬橡皮筋一樣寬，這四個小切口應該要是平行的，注意看著圖示，有兩個切口是在兩條線之間，另外兩個切口是在兩條線外面，這有助於你決定槍把的寬度。

步驟 3

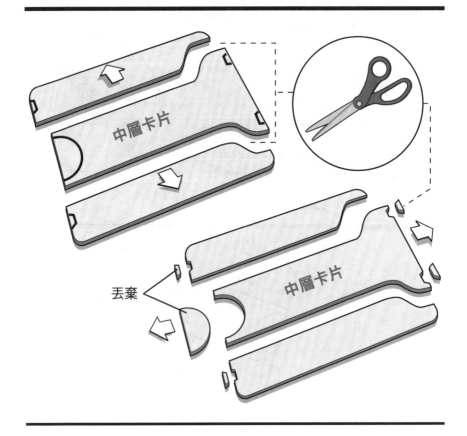

當你把線都畫好之後，沿著兩條平行的簽字筆線，用剪刀將卡片剪成三塊，記得把手的部分要剪成弧形的。

接下來把中央的半圓剪下來丟棄，然後把四個小洞也剪下來，這四個小洞的寬度大約是和橡皮筋一樣。把剪下來的垃圾丟棄。

步驟 4

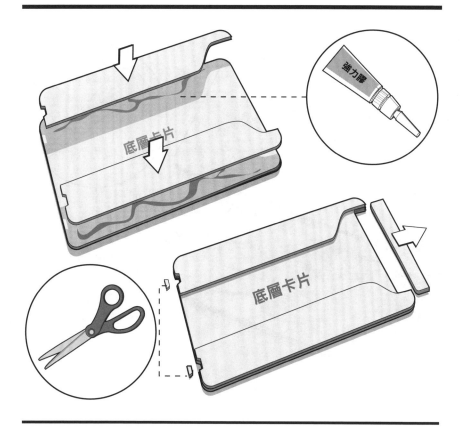

　　用強力膠或熱熔膠槍，將你剛才剪下的兩側中層卡片黏到底層卡片上，兩邊要和邊緣對齊。小心不要把膠水塗到卡片中間，中間要是有殘膠會影響你的發射器運作。

　　等膠水冷卻或乾了之後，底層卡片也按照壓在上面卡片的兩個洞，剪下相同大小的洞。

　　參考圖示，在槍把處從尾端剪下底層卡片0.6公分，這樣可以讓你容易用手指接觸到板機。

步驟 5

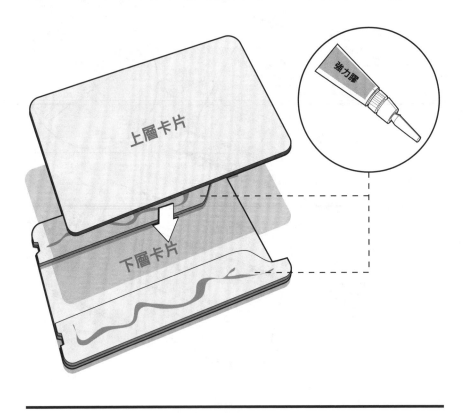

上層卡片

下層卡片

強力膠

現在小心將上層卡片黏到中層與下層卡片上，小心不要塗太多膠水，別讓膠水溢到中間去，在膠水乾之前要確認每一邊都已經對齊。

步驟 6

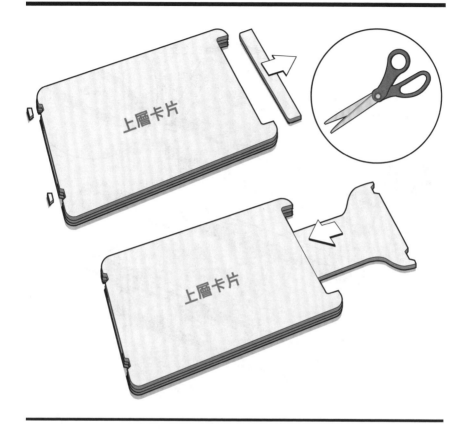

到了這階段，三張卡片應該都被用膠水黏在一起了，確認膠水都乾了之後再進行下一步。

接下來同樣用剪刀或美工刀，把第三張禮物卡底部裁切出要套上橡皮筋的小洞，洞口大小就和其他兩張卡片的大小一樣。

然後同樣在槍把的地方裁掉約0.6公分，裁切線請參考底下卡片。

把最後的中間那塊卡片塞進中間的溝槽，要是摩擦到邊緣而沒有辦法順利塞進去的話，就先把卡片拿出來，把邊緣修剪一下再放進去。

安裝子彈

上層卡片

上層卡片

X2

現在要來安裝火力設備！將兩條粗橡皮筋加裝到整組裝置上，讓橡皮筋套到剛才裁切下來的四個凹槽。橡皮筋要套牢，讓它不會鬆脫，要是會鬆脫的話就換小一點的橡皮筋。

現在把活塞往後拉並從前方的切口裝進硬幣子彈，直到看不見硬幣為止，然後小心選擇目標發射，發射後硬幣會從發射器前方高速彈出，命中目標。

發射硬幣可能會造成危險與傷害，運用你的常識選擇無生命的物品作為目標，在使用這個小兵器時也請自己承擔風險。

薄荷糖錫盒彈射器

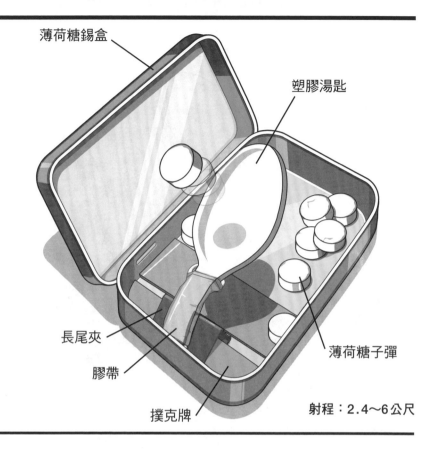

薄荷糖錫盒

塑膠湯匙

長尾夾

膠帶

撲克牌

薄荷糖子彈

射程：2.4～6公尺

　　藏在這個小錫盒裡的是火力強大的武器，能發射射程達2.4～6公尺的薄荷糖子彈，薄荷糖錫盒彈射器經過重新設計，用一個長尾夾作為發射臂，結構簡單卻很耐用。你可以隨心所欲運用這項武器，用清涼的薄荷糖清洗敵人的臭嘴，讓他們永生難忘。

所需物品

1個塑膠湯匙

1個薄荷糖錫盒（或類似的錫盒子）

牛皮膠帶

1個中長尾夾（32公釐）

1張撲克牌

工具

護目鏡

美工刀或剪刀

熱熔膠槍

彈藥

1個以上的軟糖

步驟 1

膠帶

　　首先要用剪刀將塑膠湯匙柄剪短才能放進錫盒裡，以錫盒內部的長度作為大約的參考長度，然後用剪刀修剪湯匙，把剪下來的湯匙柄丟棄。

　　接下來，用牛皮膠帶將短柄湯匙牢牢地固定在中長尾夾的金屬把手上，稍微彎曲湯匙確定是否牢固。

偽裝的武器

步驟 2

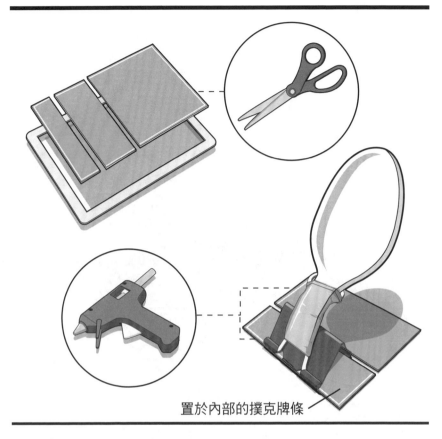

置於內部的撲克牌條

你需要兩張撲克牌將長尾夾投擲臂固定在錫盒底部,成為這個小兵器的火力,如果沒有撲克牌可以用其他類似厚度和耐用度的材料代替。

裁切撲克牌,讓它和錫盒內部一樣寬,把修剪下來多餘的部分丟棄。

用剪刀剪下一條撲克牌,這條撲克牌應該要和長尾夾一樣寬,剪下來之後如圖所示,將這條撲克牌黏到長尾夾內。

第二條剪下來的撲克牌要比長尾夾金屬把手長,剪下來之後如圖所示,將這條撲克牌黏到金屬把手上方。

步驟 3

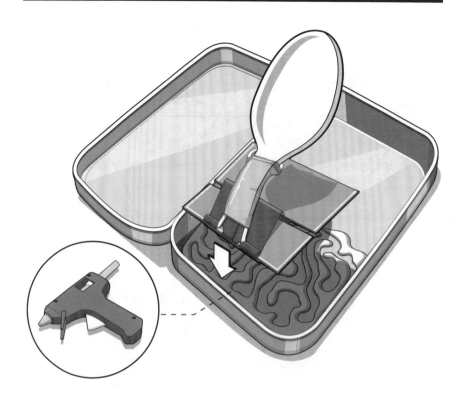

　　現在彈射器的發射裝置已經安裝完成，要把它固定到錫盒內。先在錫盒底塗上熱熔膠，並在膠水乾掉前將發射裝置放上去，按壓固定，等熱熔膠冷卻後就可以準備發射了。

　　錫盒壁可以讓彈射器手臂不要發射薄荷糖子彈到地上，你可以調整到需要的效果，錫盒也是存放子彈的好地方。

　　記得要戴護目鏡！ 絕對不可以將這個彈射器對準人或動物，並且只能使用安全的彈藥，薄荷軟糖和迷你棉花糖很適合作為這個小兵器的彈藥。

蠟筆大炮

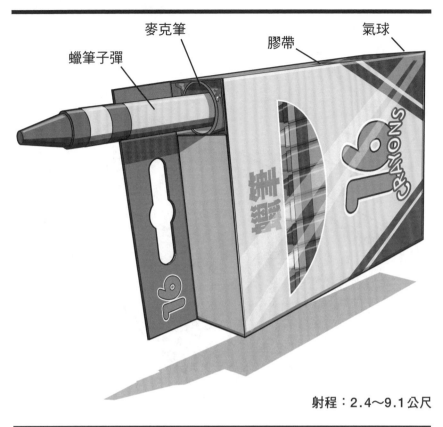

麥克筆

膠帶

氣球

蠟筆子彈

射程：2.4～9.1公尺

　　讓我們歡迎蠟筆大炮出場！這個單發發射器裡安裝了16枚彩色彈藥，是完美的藝術神槍手。這個小兵器就隱身在多功能的蠟筆盒裡，執行臥底任務時便於攜帶，安裝彈藥也很容易。發射彈藥時請小心，別把牆壁給弄髒了。

所需物品
1盒蠟筆（16枝）
1枝繪圖用麥克筆
1個小氣球
牛皮膠帶

工具
護目鏡
美工刀

老虎鉗
熱熔膠槍

彈藥
一枝以上的蠟筆

步驟 1

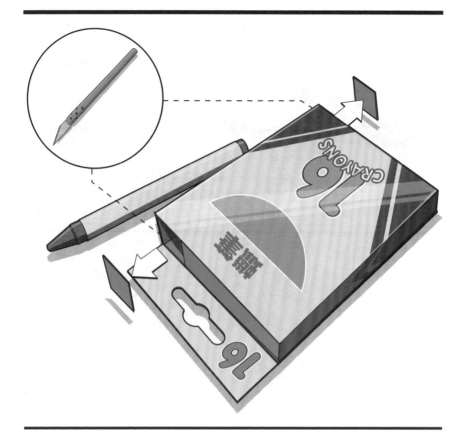

　　這個蠟筆大炮需要用16色的蠟筆盒，因為這個寬度最適合，如果找不到這個大小的盒子，也可以改裝其他大小的盒子。

　　先把蠟筆拿出來，但不要丟掉，然後用美工刀把盒子上方和下方各挖一個正方形的洞，正方形大小應該要略大於麥克筆。

步驟 2

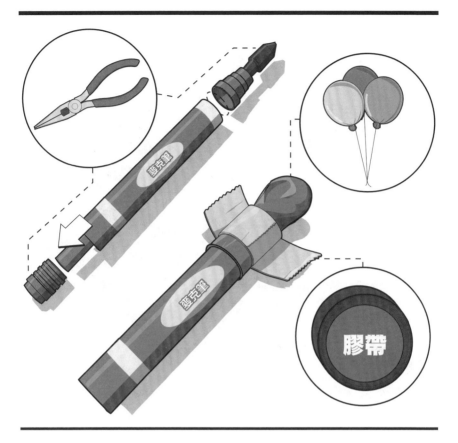

　　蠟筆大炮的槍桿是由一枝麥克筆製作而成，如果是回收塑膠製作的更好，因為這樣外殼會比較柔軟，但任何麥克筆都可以。用老虎鉗輕輕轉動麥克筆尾端的蓋子，把蓋子從筆桿上移除，然後用老虎鉗移除掉麥克筆筆尖的筆頭，把筆頭拿掉以免弄髒。

　　使用美工刀刺穿圖片顯示處的麥克筆外殼，然後慢慢轉動麥克筆。此時不要轉動刀片，而是轉動麥克筆的外殼，這樣裁切時會比較安全。當這端的外殼被移除後，裡頭的墨水筆芯就會滑出來，把筆芯丟掉。把所有切割過程中產生的塑膠碎片清除乾淨，不讓這些碎片殘留在空心的筆管中，如果外殼還有殘留的墨水，就先沖洗乾淨再瀝乾。

　　現在把一個小氣球包覆在筆桿尾端，讓大部分的氣球都包覆住筆桿，只留下大約1.3到1.9公分的突出在尾端，用膠帶將氣球牢牢地固定到位置上。拉幾下氣球測試膠帶是否黏得夠牢，如果有需要可以再黏上更多膠帶。

步驟 3

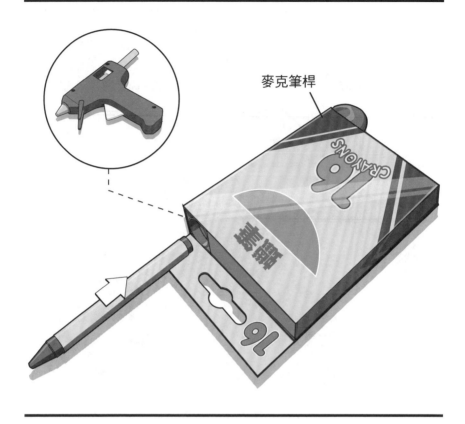

麥克筆桿

最後一個步驟是把麥克筆槍桿安裝到蠟筆盒裡。

將熱熔膠塗到剛才開的兩個開口裡，在膠水冷卻前小心地將麥克筆裝進盒子裡。小心不要讓熱熔膠碰到氣球，它會把氣球熔掉。

現在把蠟筆飛彈放進麥克筆的開口，讓它掉到氣球裡。用手指將蠟筆放到氣球底部，然後用手指夾住蠟筆，將氣球往後拉，並千萬記得不要瞄準周圍的人和任何會破裂的物品，一切都就緒之後就可以放開手指，讓彩色的彈藥發射出去，氣球會將蠟筆飛彈從槍桿高速彈射出去。

注意：要是氣球出現破損跡象，就千萬不要操作蠟筆大炮發射器。

偽裝的武器

原子筆吹箭筒

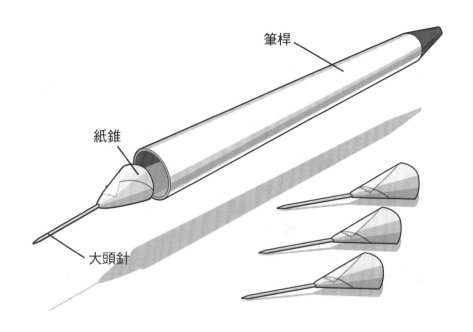

筆桿

紙錐

大頭針

射程：2.4～6公尺

　　原子筆吹箭筒要登場了，請小心！這個小兵器有致命的準確度與各種不同的飛鏢設計，很快就會成為你的小兵器軍火庫裡不可或缺的武器。原子筆吹箭筒的構造非常簡單，組裝快速，很適合訓練中的特工使用，筆桿造型也讓一般人不容易察覺和追蹤。這款武器所發射的飛鏢可以是有尖頭的，也可以是沒有尖頭的，依你任務的重要程度決定。

所需物品
1枝塑膠原子筆
透明膠帶

工具
護目鏡
美工刀或老虎鉗
剪刀

熱熔膠槍（可有可無）

彈藥
1張以上的便利貼
1個以上的小大頭針或訂書針（可有可無）

步驟 1

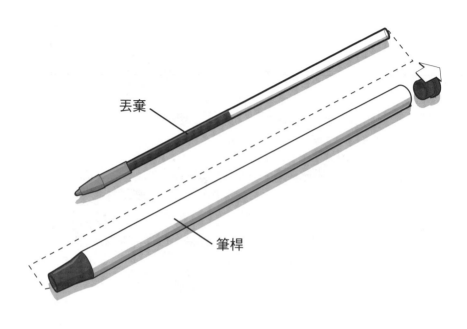

丟棄

筆桿

　　將一枝原子筆拆成許多零件，依照原子筆的構造不同，你或許會需要工具來將筆桿尾蓋拆掉，可以用美工刀或小的老虎鉗來拔掉蓋子，兩個都是不錯的工具。

步驟 2

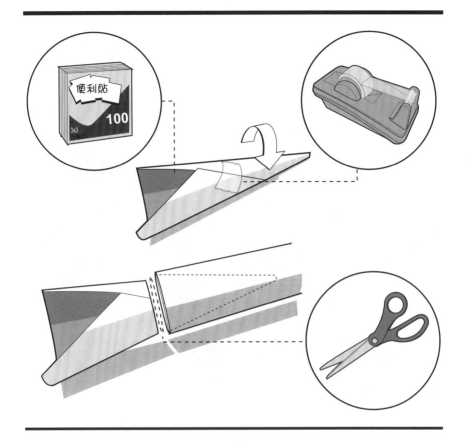

　　飛鏢的部分是用紙做的，先剪一張3.8×3.8公分的紙。如果你有7.6×7.6公分的便條紙，先對摺，接著再對摺，變成四塊正方形（無圖示），然後把便條紙展開，沿著摺線剪下就會有四個可以製作飛鏢的正方形。

　　現在把剪下的紙捲成圓錐形，摺好一個之後就用透明膠帶把邊緣黏起來固定位置。

　　把小紙錐塞進筆桿裡，小心不要弄壞了。塞進去之後，用剪刀修剪掉圓柱旁邊多餘的部分，這樣飛鏢最大的寬度就和筆管內部直徑一樣寬了，接著重複同樣動作，把其他正方形紙片也做成圓錐。

其他造型

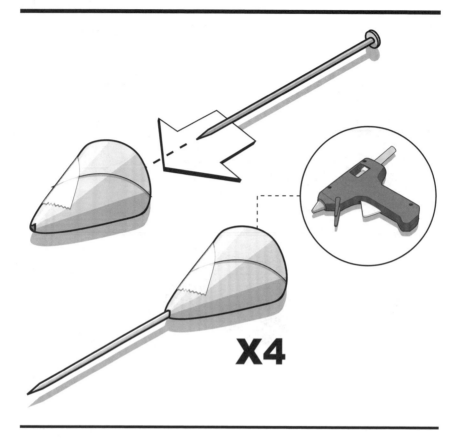

X4

　　你的原子筆吹箭筒完成了！如果你想刺破氣球或是想對著飛鏢靶發射的話，可以加裝一根大頭針或是訂書針進行改造。從圓錐後方插入一根大頭針，讓它刺破圓錐的前端，放好位置後在圓錐內塗上少量熱熔膠固定大頭針位置。

　　現在把飛鏢塞進筆桿裡，讓尖端對著出口，深吸一口氣後把筆抵著你的嘴，瞄準目標用力吐氣，把圓錐飛鏢吹出去。

　　請記得你是從嘴巴吹氣把大頭針發射出去的，**當筆在你嘴裡準備發射時千萬不要吸氣**，要對自己的行為負責，控制好發射力道和目標，另外也一**定要戴上護目鏡，並確定周圍沒有其他人在。**

偽裝的武器

薄荷糖盒箭

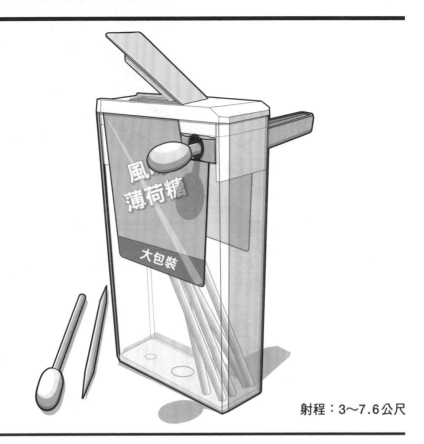

射程：3～7.6公尺

　　需要來點薄荷糖嗎？這個多功能小兵器偽裝成一個薄荷糖盒子，體積極小又超級沁涼，能發射棉花棒弓箭達6公尺遠，只有口袋大小卻裝滿了彈藥，擁有驚人的威力。

所需物品
1枝便宜的自動鉛筆
1個薄荷糖盒子
1條寬橡皮筋
牛皮膠帶

工具
護目鏡
剪刀或是美工刀
熱熔膠槍

彈藥
1枝以上的棉花棒

步驟 1

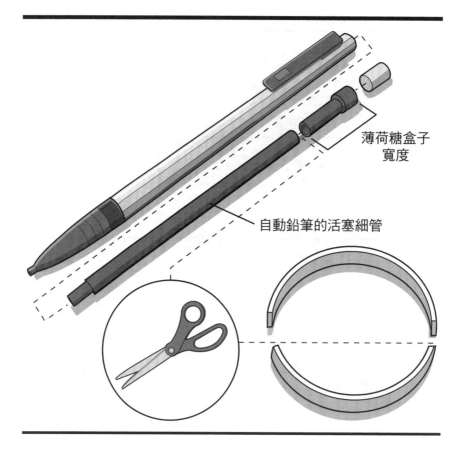

薄荷糖盒子
寬度

自動鉛筆的活塞細管

　首先拆解一枝便宜的自動鉛筆，取出自動鉛筆的活塞細管，並移除尾端的橡皮擦。

　把薄荷糖盒子的寬邊對齊自動鉛筆的活塞細管尾端，然後如圖所示用剪刀或美工刀裁剪掉那個寬度，把自動鉛筆剩下的活塞細管丟棄。

　最後，如圖所示將一條粗橡皮筋剪成兩半。

步驟 2

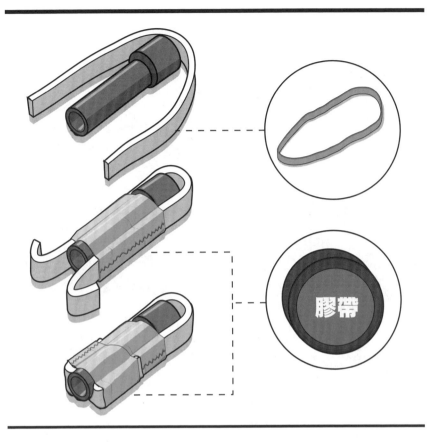

膠帶

　將橡皮筋長度對半套在自動鉛筆活塞細管尾端的橡皮擦上，如圖所示用牛皮膠帶將橡皮筋黏在活塞細管上，橡皮筋不能靠緊橡皮擦，不然會不好拉。

　長度多出來的橡皮筋就把它疊上去用膠帶固定起來（見最下方的圖），以便增加力量。要是在疊上橡皮筋用膠帶固定後還有多餘的橡皮筋，就用剪刀修剪掉（無圖示），這樣由自動鉛筆活塞細管所製作的發射裝置就完成了。

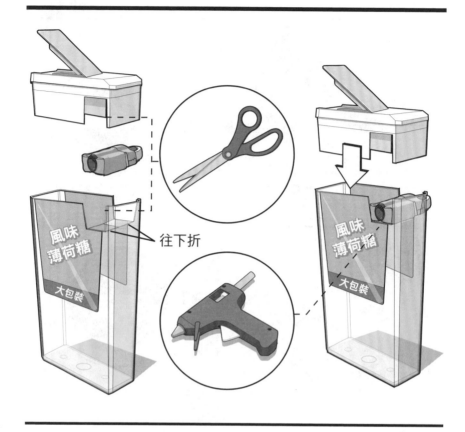

往下折

　　將薄荷糖盒子的蓋子拿掉，用剪刀在盒子上方剪上四個切口，這四個切口的長寬差不多和活塞細管發射裝置的長寬相同，然後把剪上四刀後對向的折片往內互折，形成一個可以置放發射裝置的架子，如果折片太硬很難折彎，就直接把它們折斷。

　　如圖所示，在薄荷糖盒子裁切出的洞口對側，也在蓋子上裁切出相同大小的洞口，把自動鉛筆活塞細管所做的發射器用熱熔膠黏到剛才做的薄荷糖盒架子上，然後把蓋子蓋回盒身。

　　要發射這個小兵器前，先把棉花棒的一頭剪掉，然後將棉花棒裝進自動鉛筆活塞細管開口，將有棉花的一頭露出來，被剪掉的那一頭會在橡皮筋裡，將橡皮筋往後拉，然後發射。這個小兵器還能發射牙籤和改造過的原子筆芯，當你要用這個小兵器來發射牙籤時，記得把牙籤尖端折斷，才不會磨損橡皮筋，也千萬別將這個精心設計的小發射器對準任何人。

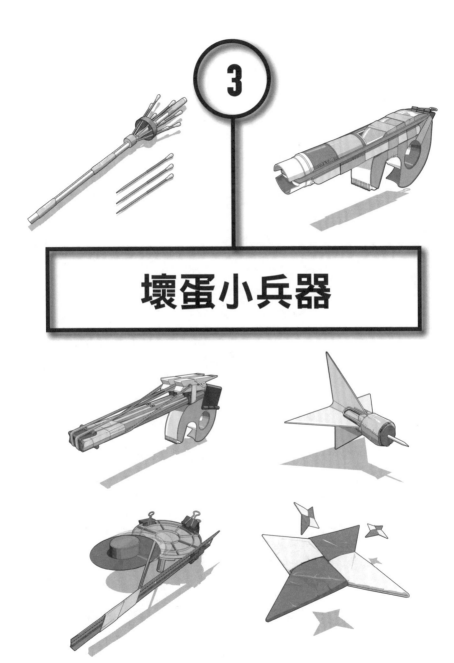

3

壞蛋小兵器

棉花棒吹箭筒

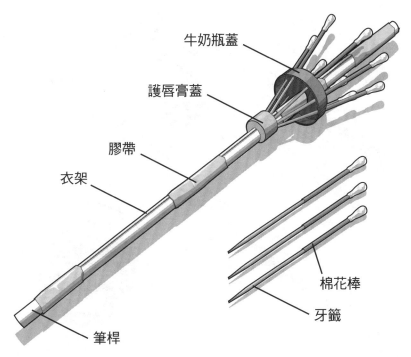

牛奶瓶蓋

護唇膏蓋

膠帶

衣架

筆桿

棉花棒

牙籤

射程：3～9.1公尺

棉花棒吹箭筒優異的外型和標準結構，使它晉升為少數屬於比賽等級的小兵器，只要花不到幾塊錢就能製作出塑膠製的吹箭筒和木製尖端的飛鏢，是忍者刺客團的最佳武器選擇。

所需物品
3枝塑膠原子筆
牛皮膠帶
1枝金屬衣架
1個塑膠牛奶瓶蓋（或類似物品）
1個塑膠護唇膏蓋（或類似物品）

工具
護目鏡
美工刀或老虎鉗

鋼絲鉗或老虎鉗
剪刀
熱熔膠槍（可有可無）

彈藥
1根以上的牙籤
1根以上的棉花棒

步驟 1

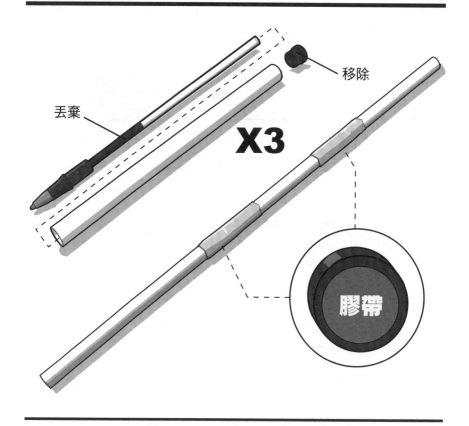

移除

丟棄

X3

膠帶

　　在家裡找找是否有三枝大小和粗細類似的原子筆，將原子筆拆解成零件，依照原子筆的構造不同，或許會需要工具來協助你把筆桿尾蓋拆掉，通常美工刀或小的老虎鉗就夠了。把尾蓋留著製作圓頭子彈（73頁），筆芯則可以丟棄。

　　用牛皮膠帶小心將三枝筆桿接在一起，製作出一根長管，長管必須互相對齊，不能有絲毫歪斜，所以請放慢動作，仔細地完成這個作業，最後可以從長管口看進去，檢查是否有接好。

步驟 2

衣架

膠帶

用老虎鉗或鋼絲鉗把金屬衣架底部的直條部分剪下來。

將這個直條用膠帶黏到長筆桿上，強化吹箭筒的穩定性。

步驟 3

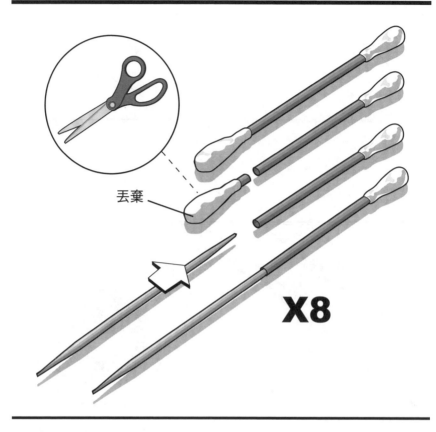

丟棄

X8

每個吹箭都需要一枝棉花棒和一枝牙籤來製作。

如圖所示將棉花棒的一頭剪下，然後將一枝木牙籤塞進棉花棒的洞，往內塞到感覺變緊為止，你也可以用膠水把它們黏在一起，不過可能是用不上。重複這個步驟，製作至少八根吹箭。

步驟 4

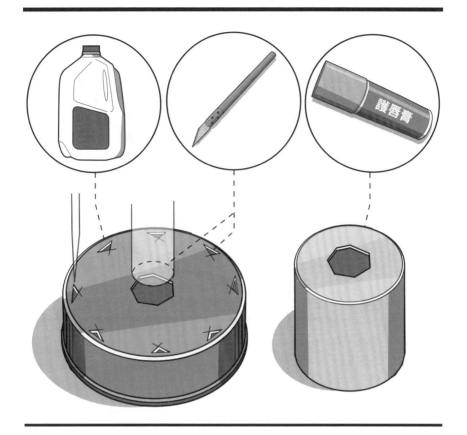

現在要用兩個塑膠蓋子來製作吹箭的托架，第一個物品是牛奶瓶蓋，第二個物品是護唇膏蓋子，或是類似大小的蓋子。會建議用這兩種蓋子是因為它們都是用柔軟的薄塑膠做的，比較容易裁切。托架可有可無，並不會影響棉花棒吹箭筒的功能。

以原子筆桿為樣板，用美工刀在牛奶瓶和護唇膏蓋子中央裁切兩個直徑大小相似的洞，洞口並不需要是完美的圓形，只要最後套進筆桿時夠緊就好。

接下來在牛奶瓶蓋周圍裁切八個相同間距的小洞，每個洞口大小應該要和木牙籤直徑差不多，這些洞一樣不需要是完美的圓形，裁切成三角形或許會比較容易一點。

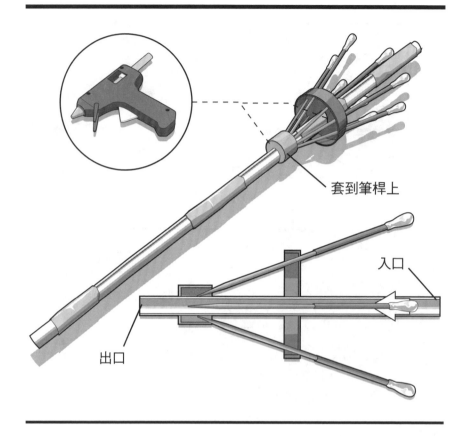

套到筆桿上

入口

出口

　　將護唇膏蓋子套到槍桿上，大約套進18公分。如圖所示，蓋子平整的那一面應該要對著槍桿的出口，要是蓋子很鬆，可以用熱熔膠或膠帶將它固定到槍桿上。接下來將牛奶瓶蓋套到槍桿上，大約套進13公分，蓋子平整的那一面對著槍桿的吹箭出口，用熱熔膠或膠帶固定這個蓋子的位置。

　　把其他吹箭也插進牛奶瓶蓋，並讓它們向著裡面插到護唇膏蓋子的地方，這樣應該就能固定吹箭的位置，需要的話可以調整一下距離。

　　現在將棉花棒吹箭塞進筆桿，讓牙籤尖端那一面朝著槍桿出口。深呼吸、瞄準，然後用力吹一口氣，把吹箭吹出去。**當筆桿在你嘴裡準備發射時千萬不要吸氣**，要對自己的行為負責，控制好發射力道和目標，絕對不能對著生物射擊，另外也一定要戴上護目鏡，並且確定周圍沒有人在。

橡皮筋德林加手槍

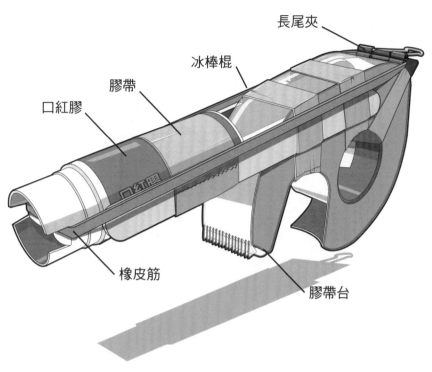

長尾夾

冰棒棍

膠帶

口紅膠

口紅膠

橡皮筋

膠帶台

射程：2.4～6公尺

　　壞蛋們都很熱愛這個單發的橡皮筋德林加手槍，因為可以單手操作，空出另一隻手搶奪金銀財寶。它的設計小巧易藏，安裝子彈也很快速輕鬆，鬆開長尾夾做的擊錘就能看到橡皮筋飛向目標，但得注意其他擁有這個小兵器的主人通常都擁有雙管德林加手槍。

所需物品
1條口紅膠
牛皮膠帶
2根冰棒棍
1個膠帶台
1個小長尾夾（19公釐）

工具
護目鏡

老虎鉗
美工刀

彈藥
1條以上的橡皮筋

步驟 1

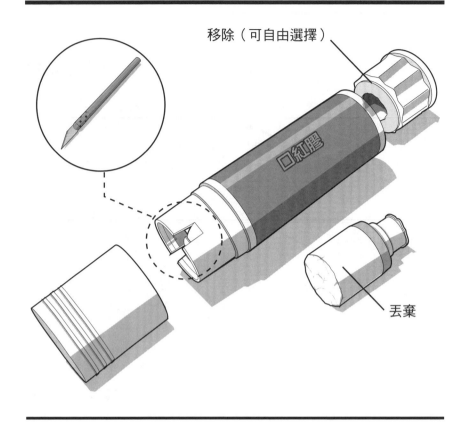

移除（可自由選擇）

口紅膠

丟棄

第一步是要拆解一條口紅膠或是類似的小圓柱容器，移除內部膠條時要先把旋轉底座扭斷，你或許會需要老虎鉗的協助。底部的轉蓋移除後，就可以把內部的旋轉膠條和殘膠清除，不過可以把蓋子留下來製作棉花棒吹箭筒（111頁）。

在小圓柱體的開口兩邊，用美工刀各割開兩個相距0.6公分的切口，然後將兩個切口間的塑膠片往內折，這個溝槽將用來套上橡皮筋。

步驟 2

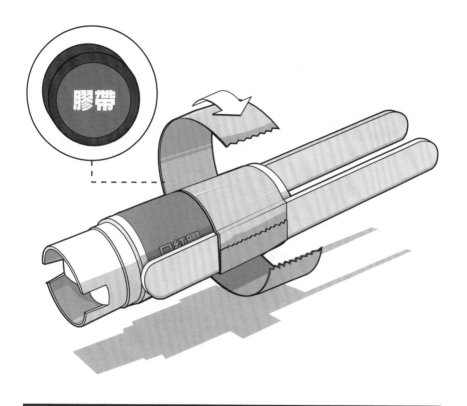

膠帶

口紅膠

　　用牛皮膠帶將兩枝冰棒棍以平行的方式黏到口紅膠兩側，冰棒棍應該要和你在第一個步驟所割下的口紅膠開口處的切口對齊，不過冰棒棍的位置是在口紅膠的另一頭，請參考圖示，這樣簡單的槍桿組就完成了。

步驟 3

膠帶

　　現在把槍桿用膠帶和一個上下顛倒的膠帶台固定在一起,這個膠帶台將成為快速和容易使用的槍托與槍把,再加上一個臨時的板機環就完成了。

步驟 4

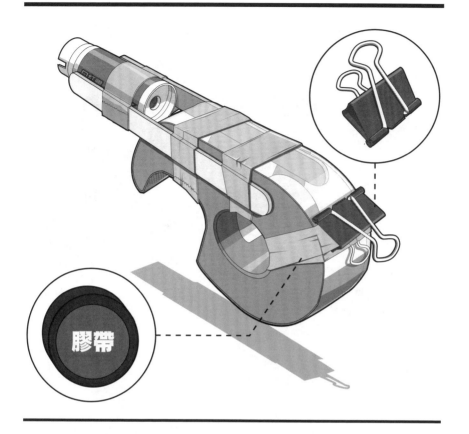

膠帶

　　使用牛皮膠帶將小長尾夾固定到膠帶台後側，要測試長尾夾的位置是否適當，可以在長尾夾套上一條橡皮筋，然後將橡皮筋一端拉到槍桿前頭，勾在槍頭的兩個切口上。測試時請戴著護目鏡，小心將發射器對準其他地方，然後將長尾夾上方的金屬把手壓下去，如果橡皮筋沒有發射出去，就按照需求重新調整長尾夾的位置（或許是要再往前一點）。

　　千萬別將你的橡皮筋德林加手槍對準人或動物，機器人倒是個值得挑戰的目標。**橡皮筋彈到人會造成疼痛或眼睛受傷，所以發射時一定要戴著護目鏡。**

橡皮筋德林加手槍

其他造型

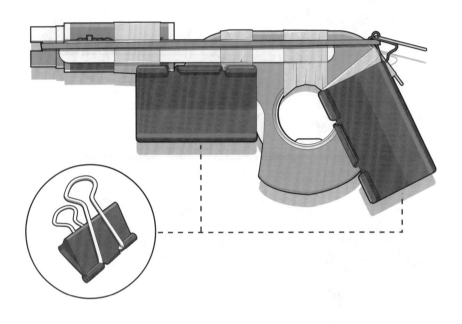

　　橡皮筋德林加手槍的樸實造型很適合自行改造，你想讓這把手槍多點分量的話，可以如圖所示在槍桿和槍把下方加裝一些大長尾夾（51公釐），也可以用各式各樣的紙筒加裝在槍桿和其他圓柱周圍，祝你玩得開心！

雙槍桿橡皮筋手槍

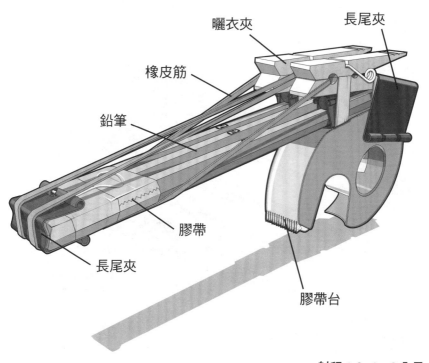

曬衣夾
長尾夾
橡皮筋
鉛筆
膠帶
長尾夾
膠帶台

射程：2.4～6公尺

　　雙槍桿橡皮筋手槍一旦離開槍套，就能連發兩發，發射時橡皮筋不會發出任何聲響，不像第一章裡介紹的某些隨身武器，會發出很大的噪音。它的設計可以各別彈射兩條橡皮筋，也能讓你同時將兩個槍管的彈藥卸下，是一把絕佳的室內小兵器。

所需物品
3個小長尾夾（19公釐）
3枝鉛筆
牛皮膠帶
2個木曬衣夾
1個大長尾夾（51公釐）
1個膠帶台

工具
護目鏡

彈藥
2條以上的橡皮筋

步驟 1

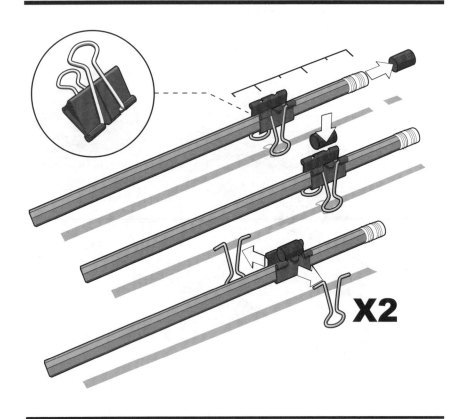

X2

　　將一個小長尾夾固定在距離鉛筆橡皮擦端6.4公分處，然後旋轉或輕晃橡皮擦，輕輕將它從金屬殼中取下，接著如圖所示，將取下來的橡皮擦夾進長尾夾，橡皮擦固定好位置後就將長尾夾的金屬把手移除。

　　在另一根鉛筆上重複上述同樣步驟，完成雙槍桿。

步驟 2

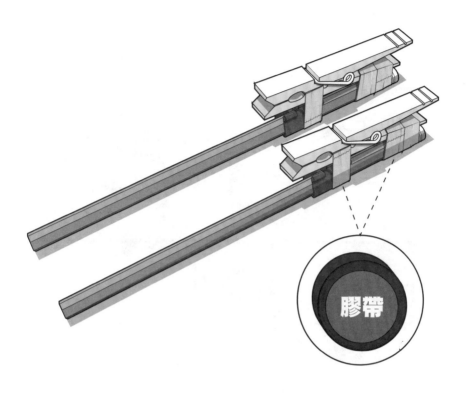

膠帶

現在用牛皮膠帶將木曬衣夾固定到一個長尾夾（鉛筆組）上，牛皮膠帶應該要纏緊，沒有纏緊的話，在套上橡皮筋後會造成整個組裝往前滑動，這樣就糟糕了。

在另一根鉛筆組上重複同樣動作，完成雙槍桿。

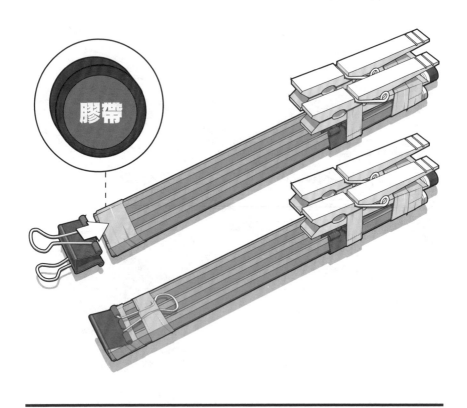

膠帶

　在兩枝用曬衣夾改造過的鉛筆中間放上第三枝鉛筆，三枝鉛筆尾端全都要對齊，確認好位置後就用牛皮膠帶將三枝鉛筆尾端全都固定在一起。

　現在如圖所示，將一個小長尾夾夾住三枝鉛筆尾端，將長尾夾的金屬把手往下扳並用牛皮膠帶將金屬夾黏在筆桿上。

步驟 4

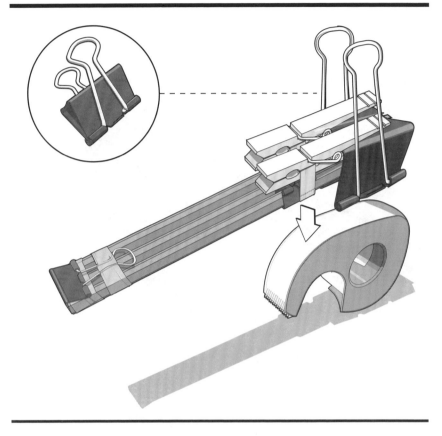

如圖所示，將一個大長尾夾從後面套進鉛筆組，不要蓋住曬衣夾的上半部區塊。

將整組槍桿用力套進膠帶台底部。

步驟 5

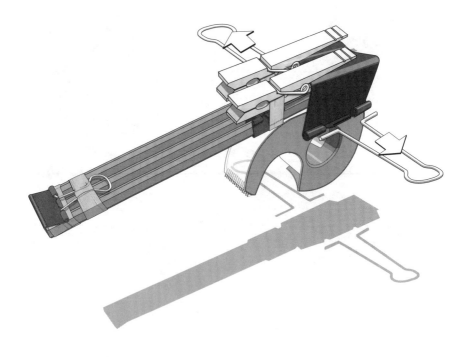

　套緊之後就可以把大長尾夾的兩個金屬把手取下，如果槍桿組感覺很鬆，可以把大長尾夾的兩個金屬把手都扳下來，讓把手靠著膠帶台的側邊，如果還是太鬆，就多纏一些膠帶。

　現在把兩枝槍桿都套上橡皮筋，首先把橡皮筋套在曬衣架裡面，然後將橡皮筋拉到發射器頂端。接著另一邊也重複同樣的步驟，在發射前，橡皮筋的位置應該如第一張圖示那樣（123頁）。

　在操作雙槍桿橡皮筋手槍時應該要戴著護目鏡，並隨時小心防範未然。**絕不能將你的橡皮筋手槍對準人或動物**，使用這個小兵器時要運用你的常識，並且自己承擔風險。

圖釘飛鏢

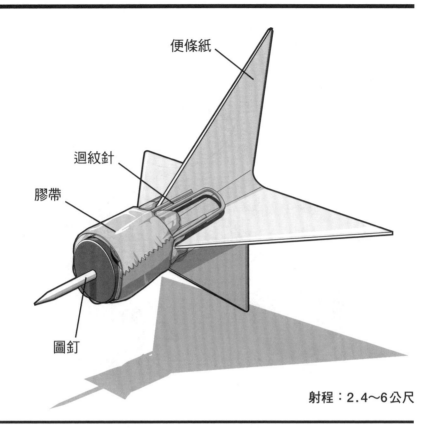

便條紙

迴紋針

膠帶

圖釘

射程：2.4～6公尺

圖釘飛鏢棒透了！這個小兵器配備了工廠製造、一體成形的金屬尖端，耐力十足。簡單的骨幹和能飛翔的設計是由迴紋針和一張便條紙做出來的，不僅色彩鮮豔而且幾乎零成本。

所需物品
牛皮膠帶
1個圖釘
4個小迴紋針
1張便條紙（7.6×7.6公分）

工具
護目鏡
熱熔膠槍
剪刀

步驟 1

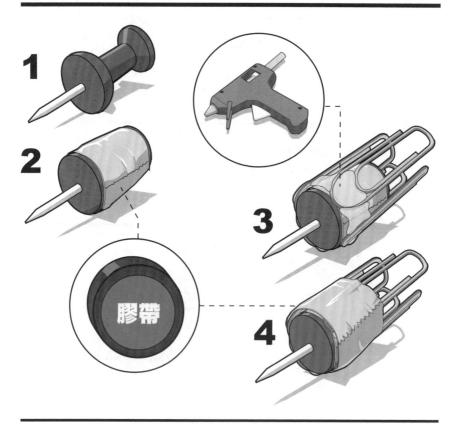

　　將圖釘（圖1）的把手纏上膠帶，如圖2所示，增加圖釘的直徑，讓圖釘和後面的塑膠推進器一樣大。

　　接下來如圖3所示，將四個迴紋針用熱熔膠等距黏到剛才的膠帶上，等膠水乾了之後，將黏起來的迴紋針用膠帶包起來（圖4）。

步驟 2

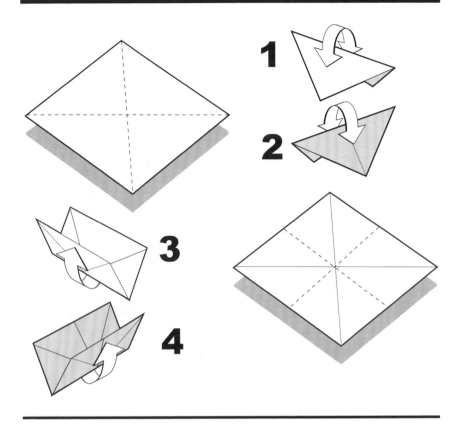

　　將便條紙的一角對摺到另一角，形成兩個三角形（圖1），然後把紙攤平，對摺另外兩個角，形成兩個三角形（圖2）。

　　把便條紙攤平，兩邊各對摺一次（圖3和圖4），完成之後你總共摺了這張便條紙四次，會產生四條摺線，可以參考上面的圖示，我們將以這些摺線為準來進行下個步驟的摺紙。

步驟 3

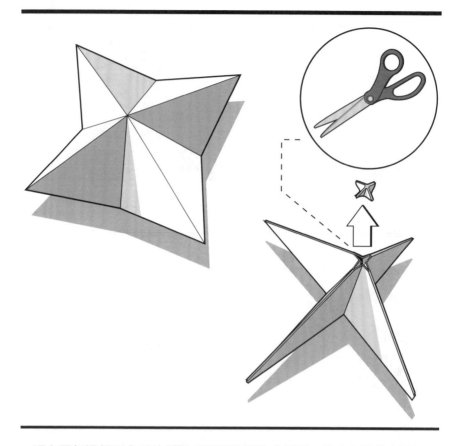

　　現在要把這個正方形的紙摺成飛行的翅膀或尾翼，將中心點往上擠壓，其他邊往中間靠攏，最後會出現一個星形。這個動作可能需要嘗試幾次才會成功，因為摺痕可能會讓你有點混亂，紙張也可能有點不是很好摺成星形，請利用上面的圖示作為參考來進行這個步驟。

　　當你摺好星形之後，用手指用力按壓摺痕，壓出明顯的摺線，這能讓紙張在製作過程中維持形狀。

　　然後用剪刀將剛才摺好的星形頂端剪一個小洞。

步驟 4

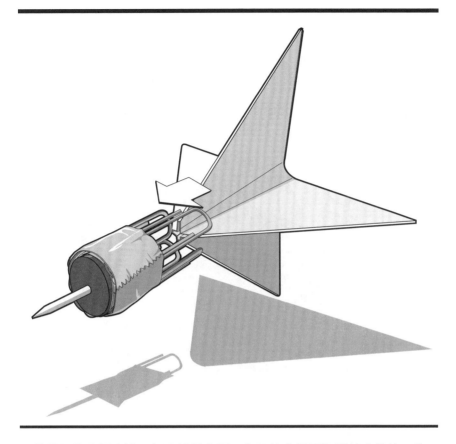

　　將摺好的尾翼塞進四個迴紋針之間，你可能會需要把頂端多剪掉一些，才能讓紙張順利塞緊。

步驟 5

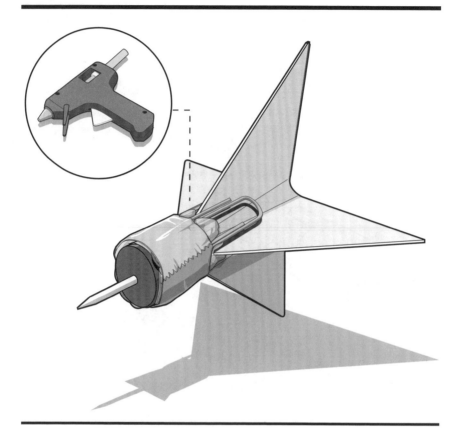

　　在迴紋針和紙張交接處塗上熱熔膠，這樣在玩射飛鏢比賽時，尾翼才不會飛掉。你需要練習丟擲飛鏢的話，可以看看第 7 章可列印的標靶（249頁）。

圓頂高帽發射器

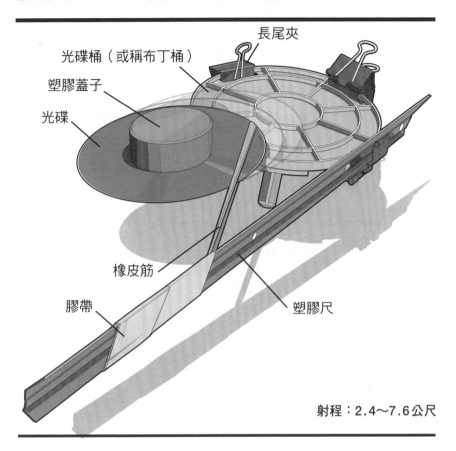

長尾夾

光碟桶（或稱布丁桶）

塑膠蓋子

光碟

橡皮筋

膠帶

塑膠尺

射程：2.4～7.6公尺

　　就算有些壞蛋擅長肉搏戰，但他們或許也必須仰賴一些偽裝的小兵器來作戰，圓頂高帽發射器就是能發射致命飛盤、卻偽裝成紳士帽子的一項小兵器。如果你想用會活動的標靶來測試你的準度時，也能把這個飛盤作為一種會移動的標靶使用。

所需物品
1個光碟桶底部
5個中長尾夾（32公釐）
牛皮膠帶
1根塑膠尺
1條粗橡皮筋

工具
護目鏡
燒烙筆

老虎鉗
熱熔膠槍

彈藥
1片以上不要的光碟
1個以上的塑膠蓋子（直徑大約6.4公分）

步驟 1

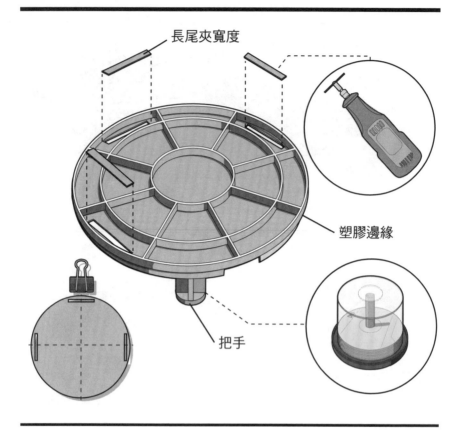

長尾夾寬度

塑膠邊緣

把手

你只需要用到光碟桶的底座。（可以把光碟桶頂留下來，用來製作第一本小兵器書裡的光碟桶投石機。）把光碟桶翻轉過來，讓突出的圓柱作為把手。

依據塑膠的結構和厚度不同，你或許會需要燒烙筆來完成接下來的步驟。要是中長尾夾無法像圖示那樣牢牢扣緊光碟桶底座的話，可以在光碟桶底座上燒出三個洞，每個洞大小都和長尾夾的長度相同，洞的寬度則是需要能讓長尾夾一側穿過的寬度。

這三個洞必須沿著光碟桶底座邊緣裁切，最先裁切的兩個洞必須是互為正對面，第三個洞則是在這兩個洞之間，請使用圖示作為位置的參考。同樣，要是光碟桶的邊緣很大，或許就不需要燒烙。

步驟 2

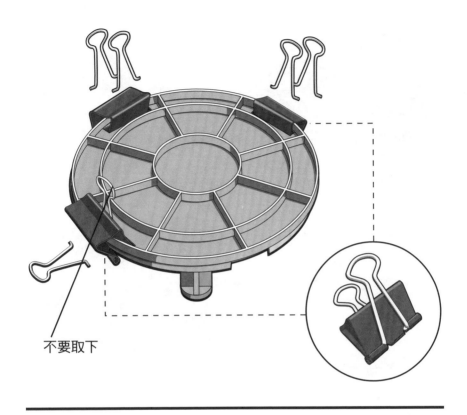

不要取下

將三個長尾夾的一邊塞進剛才燒烙的切口裡，另一邊則扣住光碟桶底座。

將長尾夾的金屬把手全拿掉，只留下一個，你只需要留下左邊長尾夾內側的把手（參考上圖），這個把手將成為圓盤的安全導向裝置。

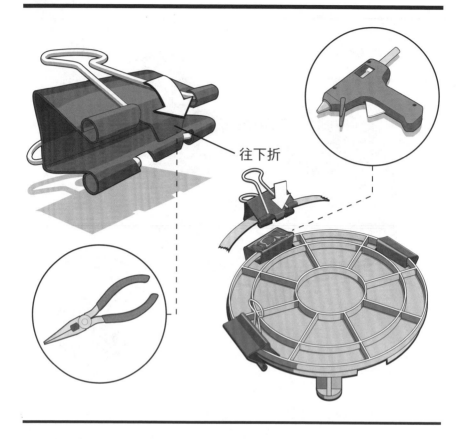

往下折

現在再拿一個中長尾夾,用老虎鉗將中間的小突片往長尾夾口下拉180度,這個小突片會夾住圓盤,並在發射前讓它固定位置。

如圖所示,將還帶著金屬把手的這個長尾夾,用熱熔膠黏到已經固定在光碟桶底座中間的長尾夾上。在這個長尾夾內部和外部都纏上牛皮膠帶,加強支撐力,支撐的力量愈大愈好,這個長尾夾在圓頂高帽發射器安裝彈藥時會承受很大的壓力。

步驟 4

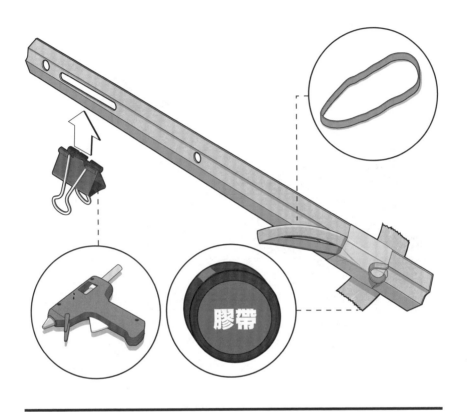

膠帶

現在將最後一個長尾夾固定到塑膠尺的一端，依據直尺的設計不同，你可以用直尺原廠的細部設計來增加長尾夾的支撐力，如果有需要也可以塗上熱熔膠。當長尾夾扣到直尺上時，就可以將長尾夾上的金屬把手取下。

接下來，用膠帶將一條粗橡皮筋固定在直尺的另一端，位置和長尾夾相對，將橡皮筋拉向直尺的另一端，測試放置的位置是否恰當，如果感覺橡皮筋很緊，並不是很好拉的話，就表示位置剛剛好。完成這個階段後，你還是有機會可以輕易調整橡皮筋的位置，以達到想要的效果。

圓頂高帽發射器

步驟 5

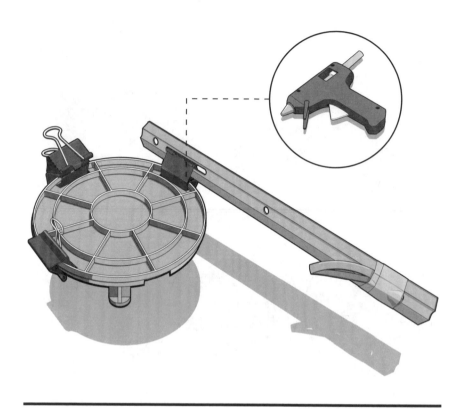

　　在長尾夾頂部塗上熱熔膠，它和單個把手往下的長尾夾位置相對，然後小心將直尺組按壓到熱熔膠上，讓兩者相黏在一起，按住一會，直到膠水冷卻。如果你擔心黏性不夠，可以改用強力膠並纏上牛皮膠帶來加強支撐力。

步驟 6

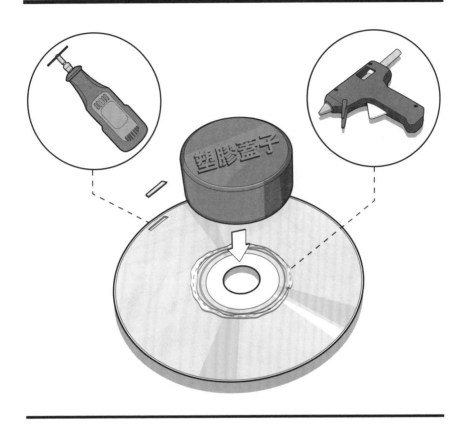

塑膠蓋子

　　用美工刀裁切光碟雖然可行，但非常困難，建議你用燒烙筆在不需要的光碟上裁切非常小的切口，這個切口的寬度必須超過你在剛才長尾夾上折彎的那塊突起的寬度（步驟3）。

　　如果你希望圓盤看起來像知名超級大壞蛋的圓頂高帽，可以在圓盤上用熱熔膠黏上一個小塑膠蓋，但請記得，在圓盤上增加任何重量都可能讓它速度變慢。在沒有增加塑膠蓋重量的情況下，這個發射器能將圓盤拋射9公尺。

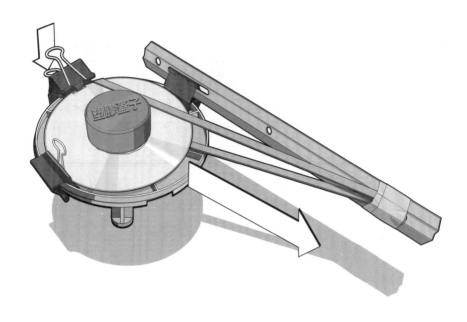

　　在將圓頂高帽發射器裝上彈藥前，先戴上你的護目鏡，以防萬一。

　　將圓盤扣到改裝後直尺的長尾夾上，這個長尾夾要夾好，在發射前不能讓圓盤飛出去，缺口太小的話可以調整。

　　鎖定圓盤之後，如圖所示將橡皮筋拉到圓盤背面套住，之後放開橡皮筋就能讓圓盤像飛盤一樣完美地旋轉出去。

　　瞄準目標並押下長尾夾的金屬把手就可以發射了。要記得這是自製的武器，**意外隨時可能發生**。直尺沒有固定好的話，很可能會往後打到你自己，一定要小心！圓盤發射器的設計目標是希望將圓盤往前朝正確的方向發射，你或許得進行一些調整才能達到最佳效果，記得一定要戴著護目鏡，也絕對不要瞄準動物或人。

紙飛鏢

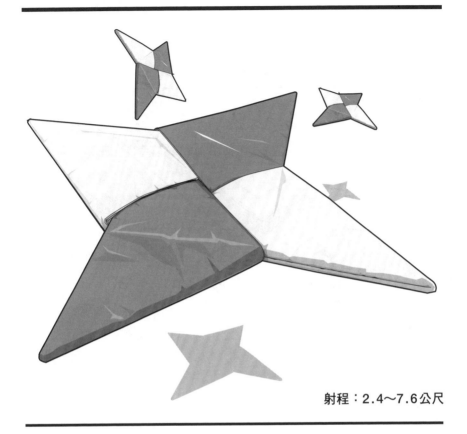

射程：2.4～7.6公尺

　　飛鏢是忍者的備用武器，又被稱為手裏劍，在特務的打鬥中扮演著關鍵角色。透過古老的摺紙藝術，技術精湛的戰士能製作出各種大小和色彩的飛鏢。它是一種簡單的武器，但你需要耐心才能完成，製作這項武器不需要成本，它將成為你小兵器庫裡的完美武器。

所需物品
2張紙

工具
剪刀
鉛筆

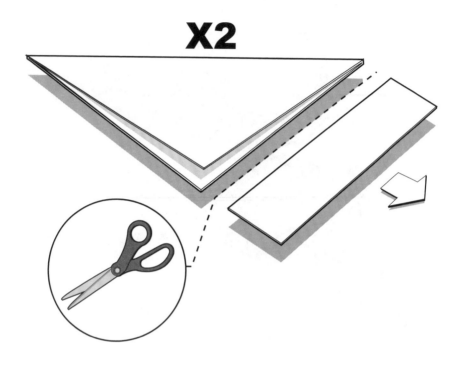

手裏劍是由兩張完全相同的正方型紙張所製作。

如果你手上只有兩張一般A4大小的紙張，可以從紙張一角對摺三角形，摺紙的一邊要和另一邊對齊，然後按壓對角線的摺線，這種摺法有時候被稱為「谷摺法」。接著在紙張還是摺著的狀態下用剪刀沿著重疊處的邊緣，將多出的長方形條剪掉。

另一張紙也重複同樣動作，這樣你就會有兩張一模一樣的正方形紙張了。

步驟 2

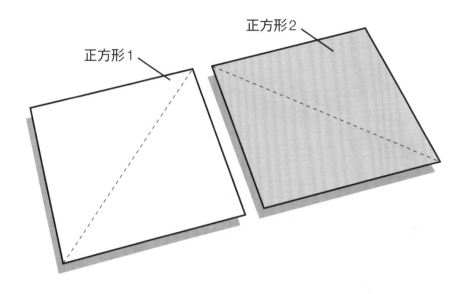

正方形2

正方形1

將兩張紙展開就會看到兩個正方形，如圖所示將兩張紙擺放成鏡像，要確定摺線為相對的模樣。

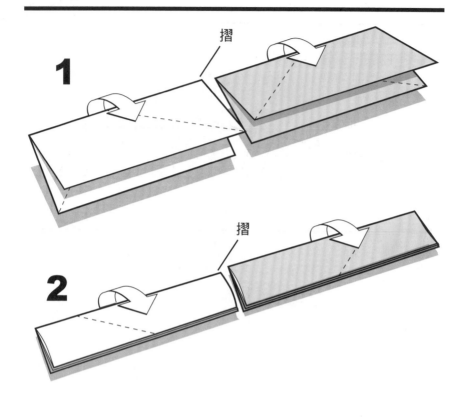

　　將兩個正方形對摺變成兩個長方形（圖1），用手指沿著摺線按壓，讓摺線變得更加明顯，然後再對折一次，變成兩個更細長的長方形（圖2），如此一來每個長方形都會有四層。

步驟 4

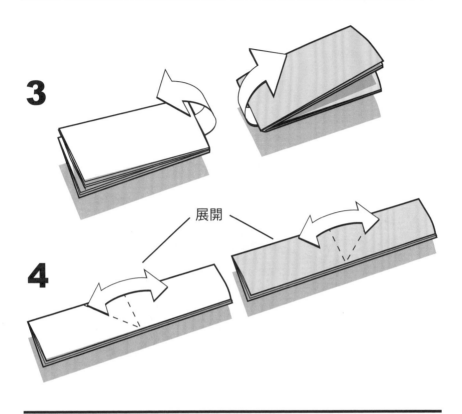

接下來將兩個長方形兩端對摺（圖3），對摺所產生的摺線將有助於進行接下來的步驟。摺完兩個長方形之後再將它們展開，留下摺線（圖4），也可以用鉛筆在新摺線上劃線做記號。

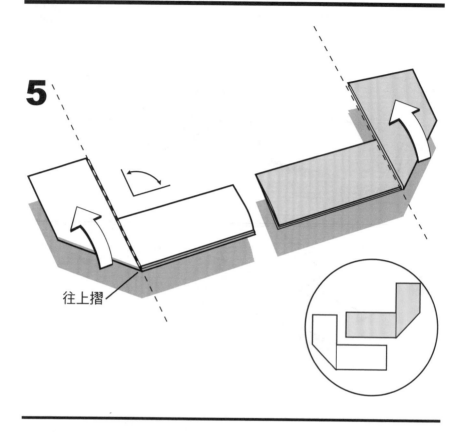

往上摺

以每條中間的摺線為準,用谷摺法將長方形的一端以45度角往上摺(圖5),壓住摺線讓它固定成一個英文字母L的角度,注意第二張紙摺的L方向應該要和第一張紙摺的L方向相反,將你摺好的結果和圓圈中的示意圖對照,如果有需要的話再進行調整。

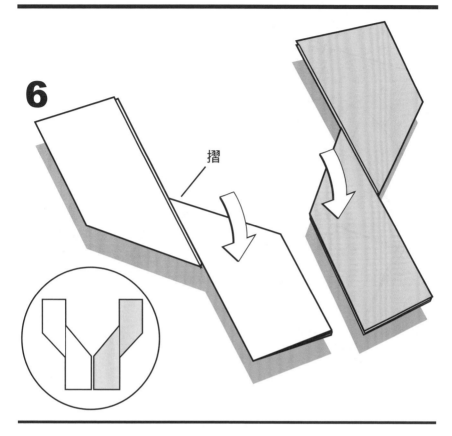

6

摺

現在按照和步驟5相反的方向，將兩張紙再用谷摺法摺一次。以45度角往下摺出L角度，兩次摺出來的邊會在中央交會（圖6）。

第二張紙也重覆同樣的步驟摺出L角度，將你摺好的結果和圓圈中的示意圖對照，如果有需要的話再進行調整。

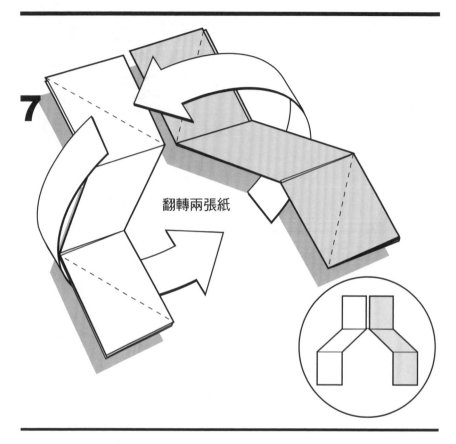

翻轉兩張紙

把兩張摺過的紙翻過來，並如圖所示排列。

圖示中的虛線是下一步驟要摺的線，如果你想將這些摺線用鉛筆劃線，方便待會參考的話，現在就可以這麼做。

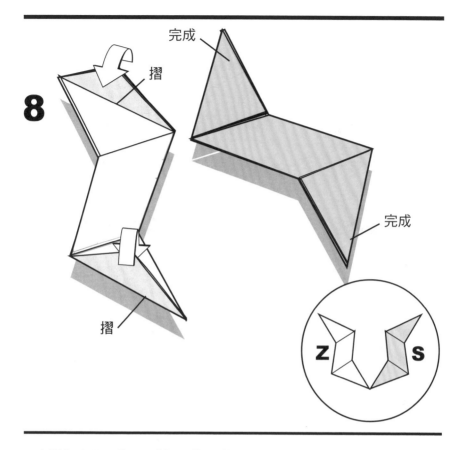

在這個步驟要將兩張紙分別摺成像英文字母 Z 和 S 的形狀，作法是將兩
張紙尾端的正方形對摺。

將第一張摺紙一端的正方形沿著剛才畫的線摺成兩個三角形，利用右下
角圓圈中的圖示對照你摺的是否正確，確定沒有錯之後，就按照圖示排出
Z 和 S 的樣子。

步驟 9

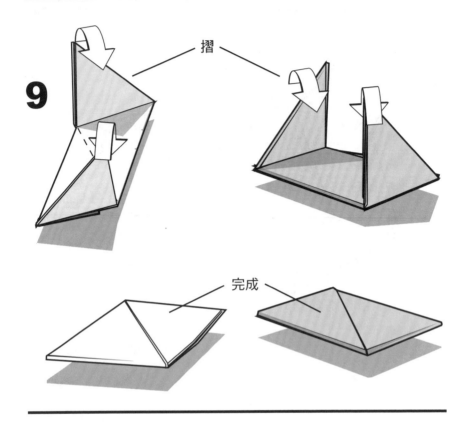

摺

9

完成

在這個步驟，你要先摺出步驟11會用到的摺線。

將兩個摺出來的三角形朝中間再摺出一個平行四邊形（參考下圖）。

在第二張摺紙上也重複這個步驟，兩張都完成後，就將兩張摺紙再度展開，回到步驟8中字母Z和S的形狀。

只翻轉這個

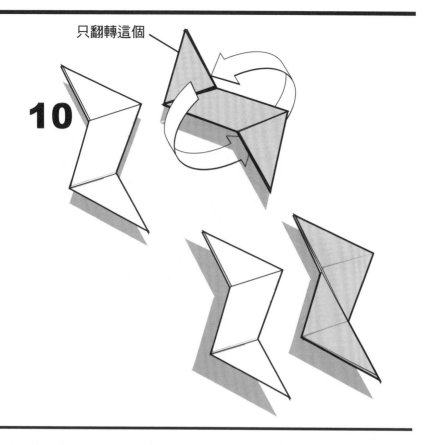

　　只翻轉字母Z那張摺紙（參考右上圖），將手裏劍的兩半如下圖所示擺放，雖然外面的形狀已經很像，但裡面的摺線還不像。

步驟 11

11

疊在上面

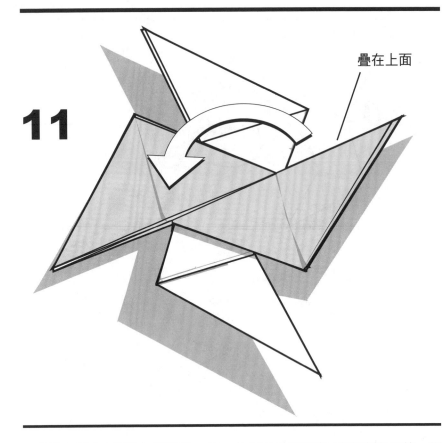

　將第二張（右邊的）摺紙轉90度，並如圖所示將第二張摺紙疊在第一張
摺紙上面。

步驟 12

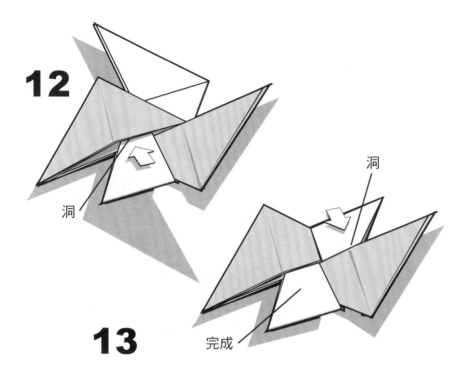

12

洞

13

洞

完成

把下層摺紙的上下尖端摺進上層摺紙的洞裡，請參考圖示進行。

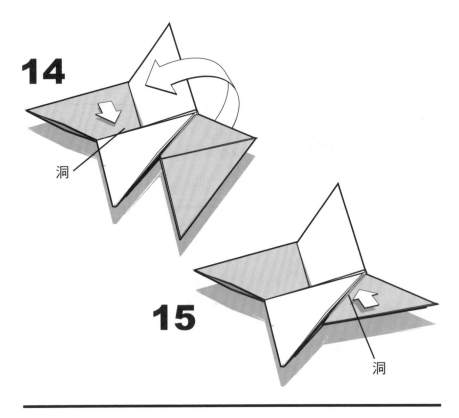

現在，將整個部分組裝好的飛鏢轉到反面，把反面該摺的部分也摺完。轉到反面之後，第二張摺紙就會變成在下層，像上一個步驟那樣，將上下尖端摺進上層摺紙的洞裡，並確認所有尖端都摺進洞裡，固定好位置，這樣你的手裏劍就完成了！投擲手裏劍時用兩根手指抓住，就像投擲飛盤時一樣將手裏劍拋出去。**記住：絕對不能朝著動物或人丟擲手裏劍，摺紙的尖端可能會讓眼睛受傷。**

小道具

紙飛鏢手錶

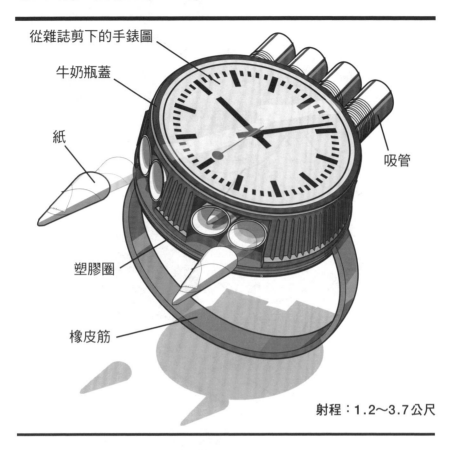

從雜誌剪下的手錶圖

牛奶瓶蓋

紙

塑膠圈

橡皮筋

吸管

射程：1.2～3.7公尺

　　紙飛鏢手錶是身處祕密情報機構中每一位特務的標準配備，當你在追逐敵人或被追逐時，一體成形的彈性錶環能確保它不會脫落。這個小兵器配備了四個紙飛鏢，旋轉錶面後就能鎖定目標發射，你很快就會明白為什麼這個小道具是特務的最佳夥伴。

所需物品
1片10×10公分的廢塑膠片
1個塑膠牛奶瓶蓋
4根吸頭可彎曲的吸管
1個2.5公分的魚尾釘
1條大橡皮筋
1本以上的生活風格雜誌

工具
護目鏡

簽字筆
剪刀
美工刀
熱熔膠槍

彈藥
1張以上的便條紙
透明膠帶

步驟 1

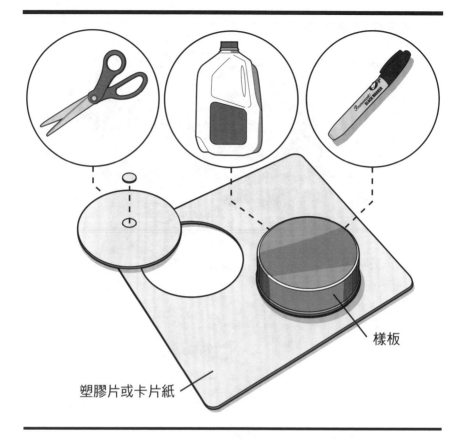

樣板

塑膠片或卡片紙

　　首先找到堅硬平整的塑膠片，像是那種用來包裝產品的透明塑膠片，如果找不到塑膠的材料也可以用厚卡片紙來做。不管要用哪種材料，你將需要兩張5×5公分的正方形，或是一張10×10公分的正方形。

　　將一個牛奶瓶蓋放到塑膠片上，用簽字筆沿著蓋子周圍在塑膠片上描線，這個動作要做兩次，畫兩個圓，然後用剪刀將兩個塑膠圓片剪下。

　　在其中一個圓片中央剪一個小洞，這個小洞待會要放進一個魚尾釘，所以洞口愈小愈好。

步驟 2

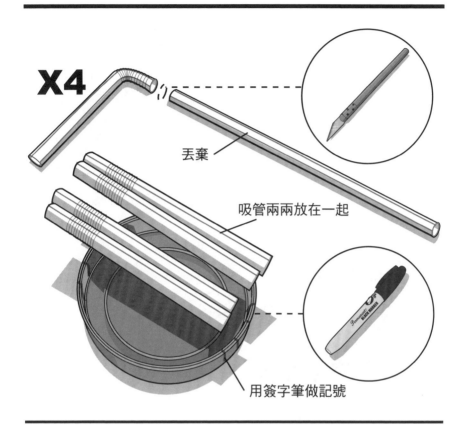

X4

丟棄

吸管兩兩放在一起

用簽字筆做記號

　　用美工刀或剪刀將四根塑膠吸管可彎曲的前段剪下，裁切處就在彎曲處下方一點，剪下的較長那段就不需要了。

　　這些剪下的短吸管最後會在步驟3放到牛奶瓶蓋裡，但首先你要在牛奶瓶蓋上標示出裁切後要放進吸管的地方。如圖所示，將吸管兩兩並排放在牛奶瓶蓋底部上方，用簽字筆在瓶蓋上畫出要裁切的地方。不要將吸管放在瓶蓋中央，因為這樣會擋到魚尾釘旋轉的功能。

步驟 3

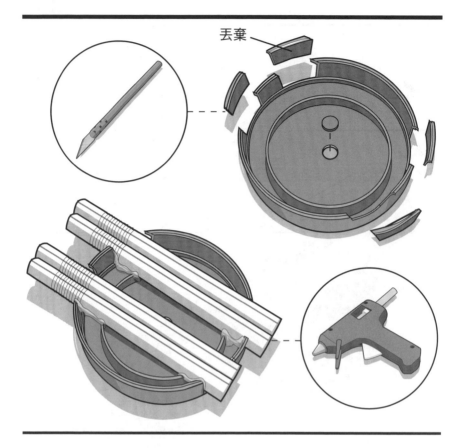

丟棄

　用美工刀切割剛才用簽字筆做的記號，然後如右上圖所示，將那四小片塑膠取下，在瓶蓋中央割開一個小洞，這個小洞是待會要放置魚尾釘的地方。清除所有塑膠碎片，讓吸管能順利放進瓶蓋裡。

　現在如圖所示，將四根吸管放進牛奶瓶蓋，並用熱熔膠固定位置。吸管彎折處就讓它突出瓶蓋一邊，這些可彎折的管子能讓發射飛鏢的過程更加順利。

步驟 4

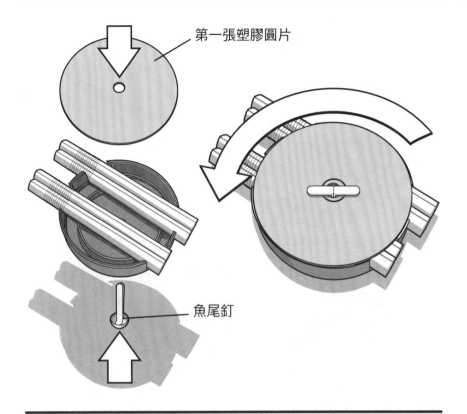

第一張塑膠圓片

魚尾釘

從牛奶瓶蓋外面將魚尾釘從瓶蓋中央的洞穿過去,然後穿過塑膠圓片中央的洞,最後將魚尾釘的釘腳折彎,固定位置。

不要將塑膠圓片用熱熔膠黏到吸管上或牛奶瓶蓋上,要是黏上去的話,紙飛鏢手錶就無法旋轉了。

步驟 5

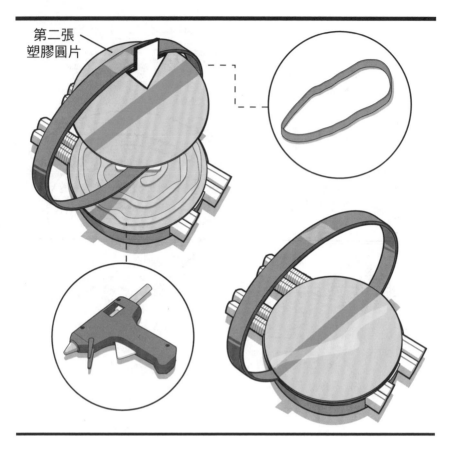

第二張
塑膠圓片

接下來，將一條粗橡皮筋套到你的手腕上，看看戴起來是否舒適，然後把橡皮筋拿掉。如果橡皮筋的彈性剛好的話，就將這條橡皮筋夾在兩片塑膠圓片中間，用熱熔膠黏起來。

步驟 6

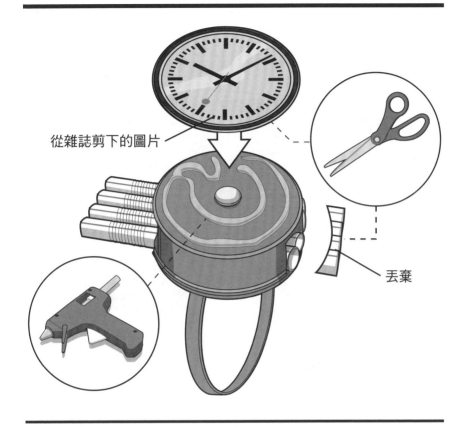

從雜誌剪下的圖片

丟棄

你需要一個錶面來完成這個小道具的偽裝，翻閱生活風格雜誌尋找手錶廣告，將適合的手錶圖片剪下來。這些廣告中有許多與實品大小相同或比實品大的高解析度手錶圖片，請找到和牛奶瓶蓋大小相符的錶面圖片。你也可以自己畫一個錶面，或是把網路上的手錶廣告列印出來。

如圖所示，將錶面黏到牛奶瓶蓋上，這個逼真的錶面可以完美偽裝你的小道具，不讓他人起疑心。

最後，用剪刀修剪吸管，不過只修剪不能彎曲的那一端，能彎曲的吸管端要留著，才能在發射時發揮最大功效。

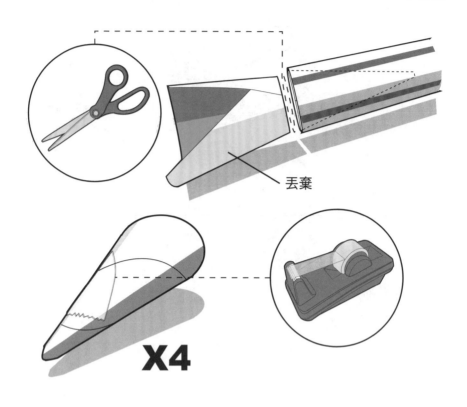

丟棄

X4

　　這個小兵器的四個飛鏢是用紙做的，先準備好3.8×3.8公分的正方形紙張。如果你有7.6×7.6公分的便條紙，對摺兩次後會變成正方形，然後把便條紙展開，沿著摺線剪下，就會有四個可以製作飛鏢的正方形（無圖示）。

　　現在把剪下的紙捲成圓錐形，摺好一個之後就用透明膠帶把邊緣黏起來，固定位置。

　　把小紙錐塞進其中一根吸管裡，小心不要弄壞了。塞進去之後，用剪刀修剪掉旁邊多餘的部分，這樣飛鏢最大的寬度就和吸管內部直徑一樣寬了，接著把其他正方形紙片也重複同樣動作做成圓錐。

　　將每個紙飛鏢都塞進一根吸管裡，尖端朝著出口（吸管沒有彎曲的那端）。調整吸管的吸頭，深呼吸，然後用力朝吸管吹氣，發射飛鏢。要對自己的行為負責，控制好發射力道和目標，**一定要戴上護目鏡，並且確認周圍沒有其他人在。**

鉤爪槍

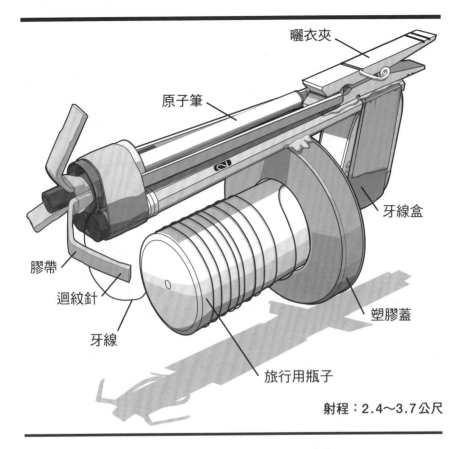

曬衣夾

原子筆

牙線盒

膠帶

迴紋針

牙線

塑膠蓋

旅行用瓶子

射程：2.4～3.7公尺

　　作戰鉤爪槍可以讓你碰觸到伸手不及之處，或讓你順利越過裝置了引線的地雷等障礙。這個小兵器製作起來可能有點難度，但只要多一點耐心，加上一些調整，你很快就能隨心所欲地運用這個小兵器進行射擊和鉤爪等功能。

所需物品
3個大迴紋針
牛皮膠帶
1枝原子筆
1枝繪圖用麥克筆
1條粗橡皮筋
2枝鉛筆
1個牙線盒
1個曬衣夾
1個旅行用塑膠瓶（大約100毫升

或小一點）
1個7.6公分的軟塑膠蓋

工具
護目鏡
老虎鉗
美工刀
熱熔膠槍

鉤
爪
槍

步驟 1

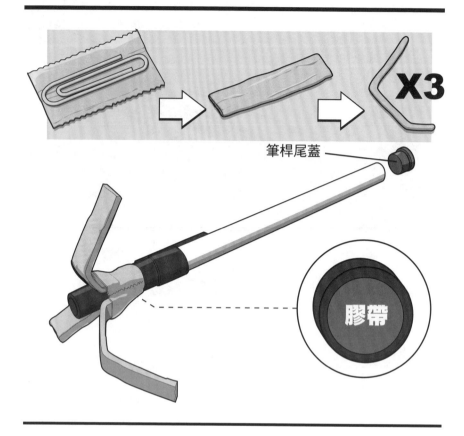

筆桿尾蓋

膠帶

　　這把槍的鉤爪是用三個大迴紋針製作的，每個鉤爪都是分開製作，再安裝到筆桿上。

　　製作鉤爪時，先將一個大迴紋針放在比自身大一點的牛皮膠帶上，然後將迴紋針緊緊地完全包覆起來。接下來使用老虎鉗在兩處慢慢彎折包覆好的迴紋針，彎曲的位置請參考圖示，其他兩個迴紋針也重覆同樣的動作。

　　將三個鉤爪以平均間距用牛皮膠帶固定在原子筆的筆蓋周圍，最後用老虎鉗把筆桿尾蓋拔除，尾蓋不要丟棄，在稍後的步驟還要裝回去。

步驟 2

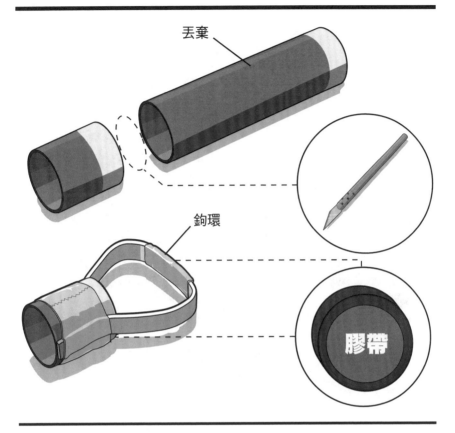

丟棄

鉤環

膠帶

　　鉤爪導向裝置，也就是槍桿的部分，是用繪圖麥克筆或護唇膏等類似大小的容器製作的，這個大小會稍微比原子筆做的鉤爪大一點。如果你使用的是麥克筆，用回收塑膠製作的最好，因為這樣外殼會比較柔軟，但任何麥克筆都可以。用老虎鉗輕輕轉動麥克筆尾端的蓋子，把蓋子從筆桿上拔除，然後用老虎鉗拔除掉麥克筆筆尖的筆頭，把筆頭拿掉以免弄髒。

　　使用美工刀刺穿麥克筆的外殼，裁切掉約2.5公分的外殼圓柱，刺穿塑膠外殼時一邊慢慢轉動筆桿會比較好裁切，把裡面的筆芯丟掉，如果外殼還有殘留的墨水就先沖洗乾淨再瀝乾。

　　用牛皮膠帶將粗橡皮筋固定到2.5公分的圓柱上，再將另一段牛皮膠帶纏在後側的橡皮筋上，製作出手指鉤環。

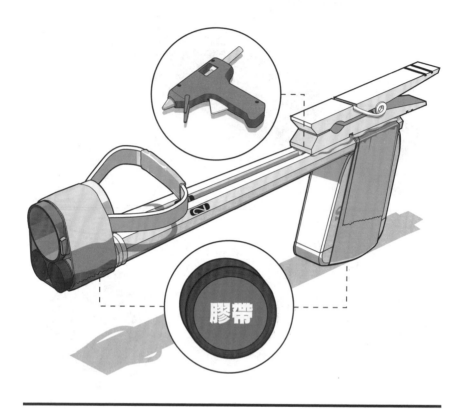

膠帶

　　開始建造槍枝的外框，用牛皮膠帶將兩枝鉛筆固定在一起，然後在橡皮擦那一端，用膠帶將槍桿和橡皮圈組固定在一起。

　　在槍桿的另一端黏上槍把，槍把是由空牙線盒所製作的。首先把牙線盒裡面的東西拿出來，但別把牙線丟掉，因為之後會用到。如圖所示將牙線盒用牛皮膠帶固定到兩枝鉛筆組成的槍桿上。如果你沒有牙線盒，也可以使用其他美容健康產品的盒子試試看。

　　最後，將一個曬衣夾用熱熔膠黏到鉛筆槍桿組的牙線盒槍把上。

步驟 4

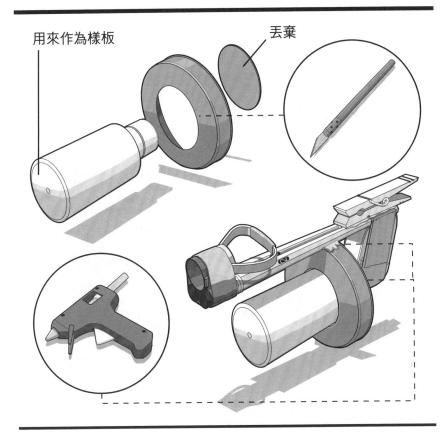

用來作為樣板

丟棄

接下來，要組裝安裝於下方的鉤爪槍捲線器，這個部分是由一個小型的旅行用塑膠瓶和直徑大約7.6公分的軟塑膠蓋所製作的，品客洋芋片的蓋子大小剛好。如果你身邊沒有這個大小的蓋子，也可以從厚紙板上裁切一個直徑7.6公分的圓，或是用其他尺寸的蓋子試試看，像是咖啡粉、鮮奶油起司或是花生醬的容器等。

用小瓶子做樣板，沿著周圍描線後，把描線部位的蓋子裁切下來，將小塑膠瓶塞進開口並用熱熔膠固定位置。

如圖所示，把瓶蓋組合用熱熔膠小心黏到牙線盒槍把和兩枝鉛筆的外框上。

步驟 5

結

牙線

捲線器

解開約10公尺的牙線，在一端打一個小結，並把結塞進筆桿後端，然後用原本的筆桿尾蓋封起來，把結緊緊地夾在筆桿裡。

最後把牙線的另一端用捆綁、膠帶或塗上熱熔膠的方式，固定到捲線器上，將剩下的牙線鬆鬆地捲到瓶子上，讓線可以向外捲出去。

要發射的話，把橡皮筋套到曬衣夾裡，然後把鉤爪和相連的牙線盡量塞進麥克筆槍桿裡，用鉤爪槍瞄準目標，準備好之後就按下曬衣夾板機。

這個自製的拋射型發射器很可能會故障或無法發射，要小心。如果有需要的話可以進行一些調整，發射時記得絕對不能瞄準人或動物。

刺客刀鋒

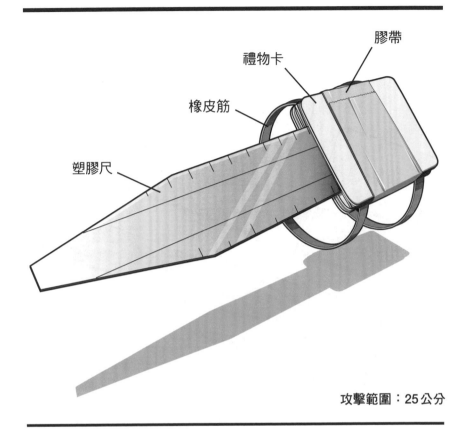

膠帶

禮物卡

橡皮筋

塑膠尺

攻擊範圍：25公分

　　刺客刀鋒是一種非致命性的可伸縮武器，平常就套在手腕上，可以讓你低調進行近身攻擊。這項武器平常可以藏起來，需要時能快速出擊，只要甩一下手腕，就能從袖子裡亮出你的刺客刀鋒，發動攻擊。

所需物品

3張過期或零餘額的禮物卡
1根塑膠直尺
1個魚尾釘
1個小長尾夾（19公釐）
牛皮膠帶
3條大橡皮筋

工具

剪刀或美工刀
熱熔膠槍

步驟 1

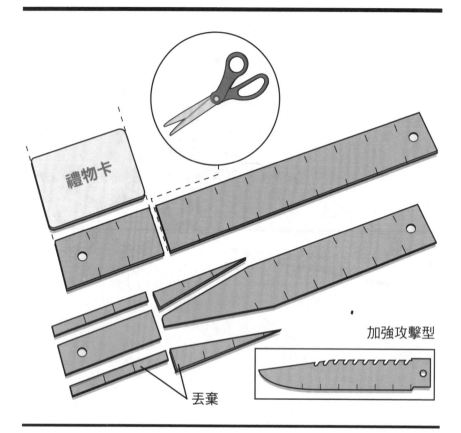

禮物卡

加強攻擊型

丟棄

如圖所示，將一張禮物卡放在一把直尺旁邊，用禮物卡作為測量的樣板，然後用剪刀把和禮物卡一樣長的直尺剪下來（最上圖）。

現在，在你剛才剪下來、較短的那段直尺上剪掉側邊兩邊約0.6公分的條狀，把中間那塊丟掉，留下兩邊0.6公分的條狀，留待第4步驟使用。

將剩下較長的那段直尺用剪刀剪成刀子的形狀，請參考圖示。

步驟 2

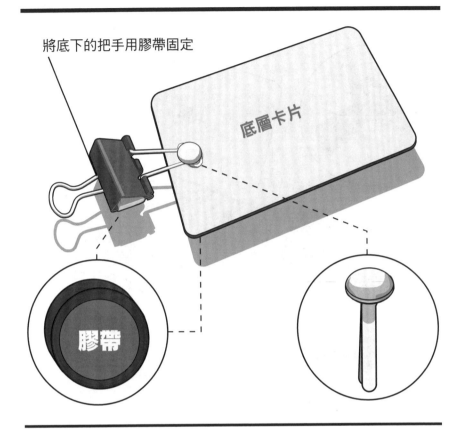

將底下的把手用膠帶固定

底層卡片

膠帶

　　為了控制安裝了彈簧的直尺刀鋒，你必須在刀鋒不使用時固定住它，這個動作需要使用魚尾釘和小長尾夾。

　　首先，用牛皮膠帶或熱熔膠將長尾夾其中一個金屬把手固定到長尾夾上，然後如圖所示，在一張禮物卡中央靠近邊緣處打一個約 1.3 公分的洞，此時可能會需要用剪刀或是美工刀在禮物卡上鑽洞。

　　最後，將一個魚尾釘穿過沒有黏起來的長尾夾把手，再穿過禮物卡上的洞，將魚尾釘的釘腳折彎，讓它固定住位置，這樣就完成了彈簧安裝的鎖定裝置。

中層卡片

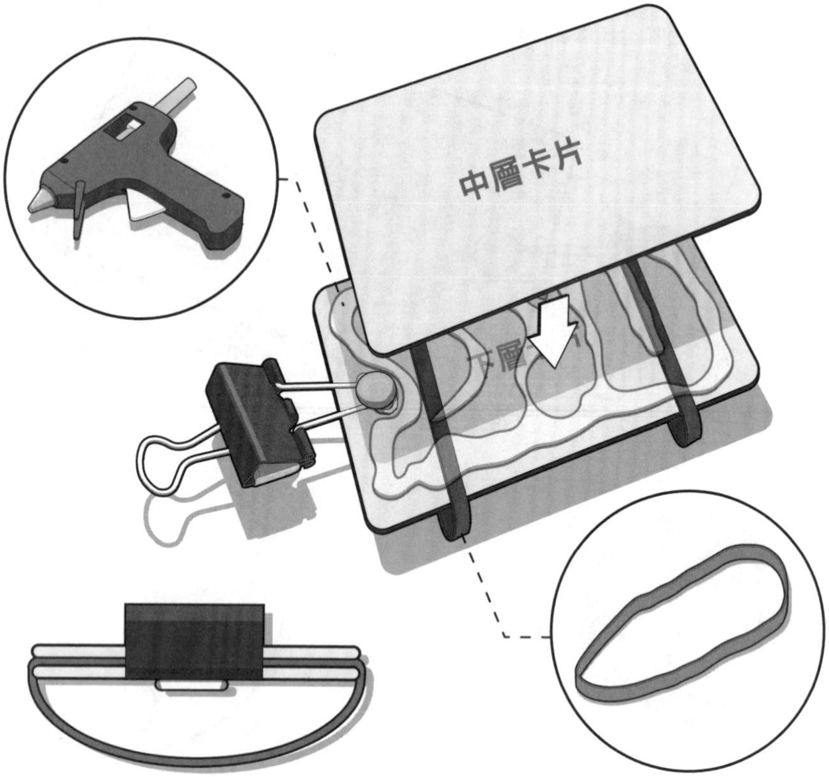

　　測試兩條橡皮筋套在你手腕上的彈性是否剛好，然後拿掉。如果橡皮筋套在你手腕上很舒適，就如圖所示把兩條橡皮筋都套到長尾夾／禮物卡上，讓兩條橡皮筋距離遠一點以便增加最大的穩定性。將另一張禮物卡黏到這個組裝上，將橡皮筋和魚尾釘頭都夾在兩張卡片中間，在熱熔膠冷卻前小心固定所有東西的位置，這就完成了刺客刀鋒刀套的基本模樣。

步驟 4

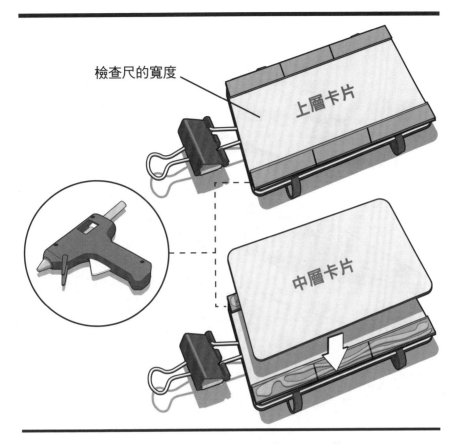

檢查尺的寬度

上層卡片

中層卡片

　　檢查尺的寬度，將兩個0.6公分的塑膠直尺片放到中層禮物卡片上（如最上圖），先不黏起來，直尺刀鋒應該能輕鬆進入中間的通道，如果不行的話就裁切一下兩邊的尺片。如果直尺能暢行無阻的話，就用熱熔膠將0.6公分的尺片分別黏到中層卡片上（如最下圖），小心別讓膠水溢到中間的通道上，這會妨礙刀鋒的移動。

　　等膠水冷卻後，在0.6公分的尺片上塗上熱熔膠，然後把最後一張卡片疊上去，同樣要小心別讓膠水溢出來。

步驟 5

　　現在將直尺刀鋒插進通道裡，自製的刀鋒處面對著長尾夾，將第三條橡皮筋穿過直尺後方的洞繞圈穿出來，從卡片下方往前繞到長尾夾上套住（路徑請見虛線所示），現在直尺刀鋒應該會被往前拉，露出尖端。如果沒有出現這樣的結果，那就改用短一點的橡皮筋試試看。

　　調整好之後，將整組裝置安裝到手腕上，直尺刀鋒往後滑動，長尾夾往上扳，讓刀鋒藏到你的袖子裡，接著就等待出手時機。當你準備發動攻擊時，將長尾夾往下扳讓刀鋒彈出，準備行動。

爆炸筆

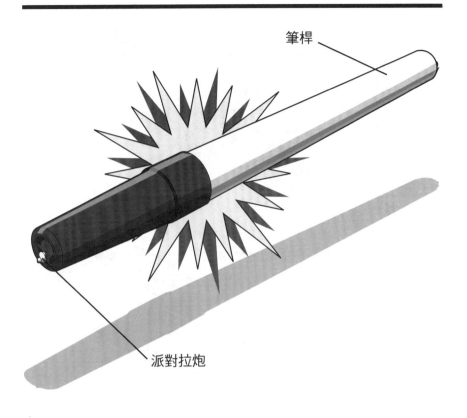

筆桿

派對拉炮

　爆炸筆是為了故意給目標出其不意的驚嚇所設計的小道具，它在打開時會發出巨大的爆破聲。爆炸筆裡安裝了能透過摩擦引爆的非致命炸藥（拉炮），當原子筆的蓋子被拉開時就會爆炸，雖然這個小道具不會燃燒，但卻可能造成耳鳴。

所需物品
1個派對拉炮
1枝原子筆

工具
護目鏡
膠水
剪刀或美工刀
圖釘

步驟 1

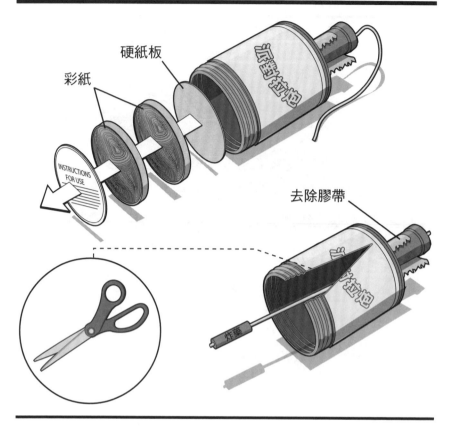

彩紙

硬紙板

INSTRUCTIONS FOR USE

去除膠帶

　　首先你要準備一個附拉繩的派對拉炮，這些拉炮並不屬於爆竹類物品，所以在大多數有賣派對用品的大賣場裡都買得到。用手指或是筆尖將裡頭的彩紙和硬紙板取出，這樣會比較好摸到裡面的炸藥。

　　戴著護目鏡，把拉炮懸掛著引線的後頸上的膠帶或裝飾用的錫箔去除。

　　如圖所示，用剪刀從前面裁切拉炮的側邊，這樣你的手指才有空間伸進去握住位於硬紙板筒內的炸藥，摸到炸藥後慢慢將它拉出來，但不要扯斷引線。如果拉不出來的話**不要硬扯**，這可能會讓炸藥爆炸。進行這個動作時請小心慢慢來，把炸藥拉出來之後就將拉炮的外殼丟棄。

小道具

步驟 2

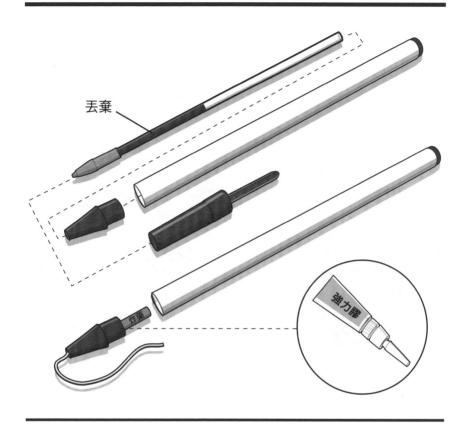

丟棄

強力膠

炸藥

將原子筆拆解成許多部分，但不要將筆桿尾蓋取下。

現在把派對拉炮的引線從筆頭後面塞進去，然後把炸藥放到原本筆芯的位置。

如果筆頭無法扭緊到筆桿上，可以在筆頭裡面沾一點膠水讓它固定位置，但沾了膠水的爆炸筆就只能使用一次。

步驟 3

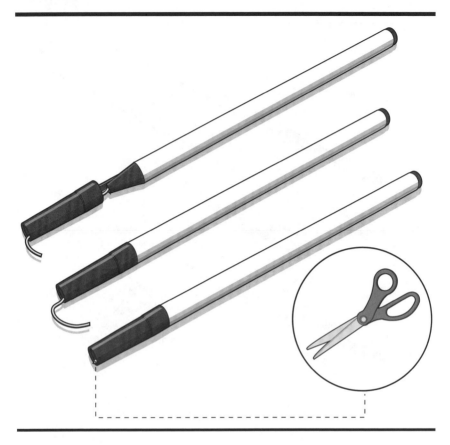

　　將筆蓋蓋回筆桿上，然後將拉炮的引線穿過原本的筆蓋（如最上圖），如果原子筆筆蓋原廠的設計並沒有洞的話，可以用圖釘或美工刀在筆蓋上開一個洞。

　　當引線穿過筆蓋後就將筆蓋蓋回去筆桿上，小心拉緊筆蓋裡的引線，然後打一個小結讓它固定位置，或許也可以在結上面沾一點膠水讓結不會鬆開，最後把突出於筆蓋外面的引線用剪刀剪掉，讓你的小陷阱不會太過明顯。

　　你可以隨身攜帶這個小道具，以備不時之需，比方說當你的對手需要用筆寫字的時候，你就可以遞上這枝爆炸筆。

冒煙筆

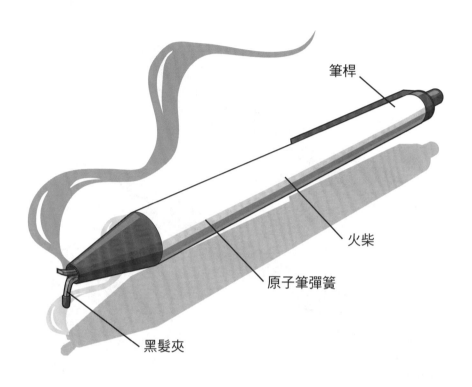

筆桿

火柴

原子筆彈簧

黑髮夾

　　冒煙筆雖然不會冒出催淚瓦斯，但啟動後將能釋放出一陣煙霧，讓你有餘裕可以從後門溜走。它的組成物非常簡單，只需要非安全火柴和改造過的黑髮夾，就能製作出完美的逃脫裝置。

所需物品
1枝按壓式原子筆
1個黑髮夾
1根非安全火柴

工具
護目鏡
老虎鉗

步驟 1

小彈簧

按壓式原子筆

火柴
在火柴盒上擦火柴

　拆解一枝按壓式原子筆,將筆芯、塑膠頭和小彈簧都拆掉,留下小彈簧和筆頭,筆芯可以丟棄。

　將一根非安全火柴塞進筆桿裡,火柴頭朝外,然後搖晃筆桿,讓火柴棒掉到筆桿底部,靠近按壓頭。

步驟 2

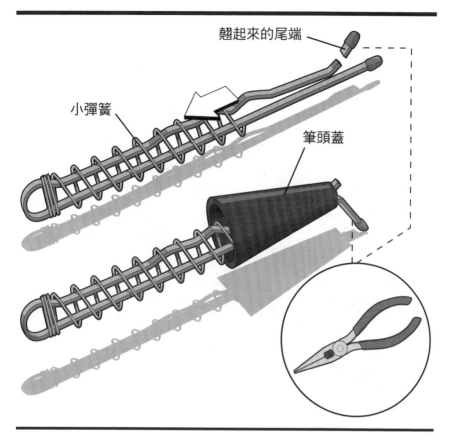

翹起來的尾端

小彈簧

筆頭蓋

有必要的話，可以用老虎鉗將黑髮夾尾端翹起來的地方折斷，然後如最上圖所示，將彈簧套到髮夾上，一直套到髮夾頂部彎曲處，套到那個位置後彈簧應該就不會滑下來，如果需要的話可以再用老虎鉗調整髮夾或彈簧位置。

現在把筆頭蓋套到髮夾上，將髮夾未折斷的那邊用老虎鉗折彎，以固定筆頭的位置。

步驟 3

　　如上圖所示，將重新組裝過的筆頭重新安裝回筆桿上，當你要啟動煙幕時，就將髮夾往前拉之後放開，髮夾會往後彈，碰到非安全火柴頭並因為摩擦產生熱，這個熱度會點燃火柴並從筆間釋放出一縷煙霧。

在你將這個小兵器丟棄或收起來之前，務必要確認裡頭的火柴已經熄滅。

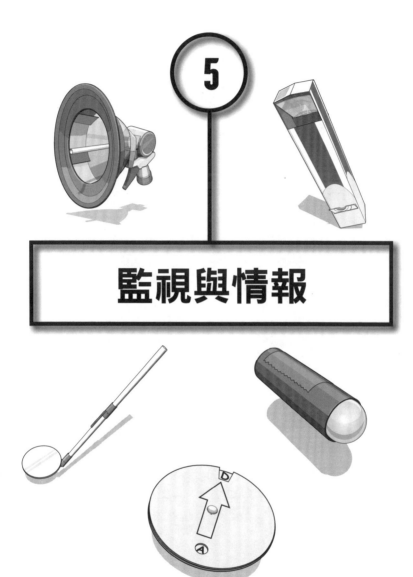

監視與情報

人工耳

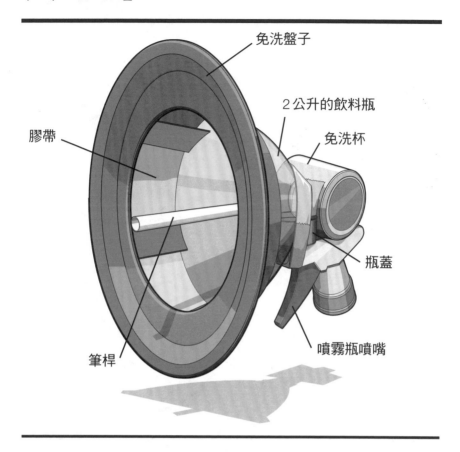

膠帶

免洗盤子

2公升的飲料瓶

免洗杯

瓶蓋

噴霧瓶噴嘴

筆桿

　　只要將這個人工耳對著你要竊聽的對象，就能輕鬆獲取祕密情報。彎曲的圓盤造型能夠將你想要竊取的訊息集中並傳輸到你耳邊的聽取裝置，這個道具是執行監試任務時所不可或缺的。

所需物品
1個2公升的飲料瓶
1個免洗塑膠盤或紙盤（直徑大於17.8公分）
牛皮膠帶
1個免洗塑膠杯或紙杯
1個噴霧瓶的噴嘴

工具
美工刀
簽字筆
剪刀
熱熔膠槍

步驟 1

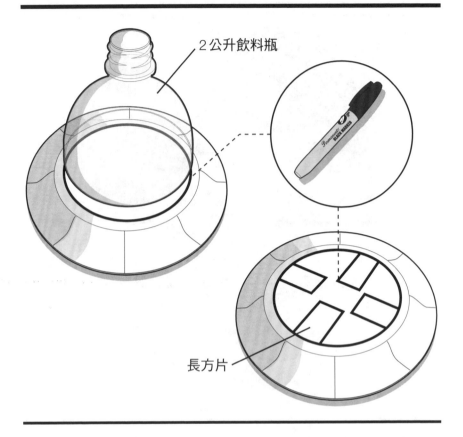

2公升飲料瓶

長方片

用美工刀把2公升飲料瓶上頭10公分裁切下來,留下飲料瓶蓋待步驟4使用,把瓶子底部丟掉。

將瓶子上頭的部分放到一個免洗盤上,如圖所示沿著瓶子周圍在盤子上描線,拿開瓶子,並在所描線的圓圈裡畫上四片長方形,這四片長方形稍後會被用來將免洗盤固定到瓶子上。

步驟 2

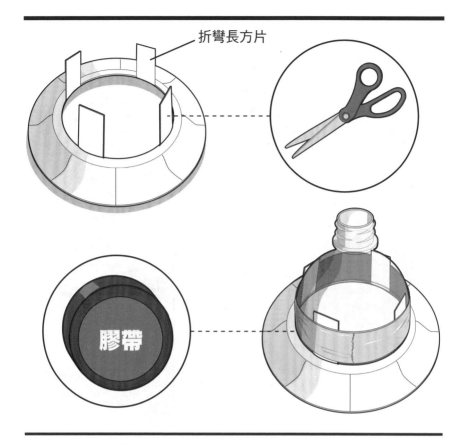

折彎長方片

膠帶

　　用剪刀將畫線圓圈裡四個長方片以外的地方裁切掉,長方片一邊要連接著圓圈外圍,剪完之後如圖所示將四個長方片往上立起來。

　　接著將2公升飲料瓶的上部塞進長方片中間,並用牛皮膠帶固定位置,這樣就完成了擷取聲音的圓盤。

步驟 3

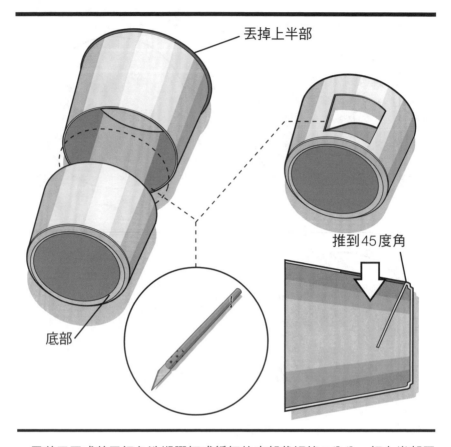

丟掉上半部

底部

推到45度角

用美工刀或剪刀把免洗塑膠杯或紙杯的底部裁切掉5公分，把上半部丟掉，留著下半部。

現在如圖所示，在留下來的下半部杯子上切開一個2.5×2.5公分的暗門，2公升瓶子的瓶口最後要放進這個洞裡，暗門只切開三邊，然後把門往內推到45度角，當人工耳完成後，聲音會從這個有角度的折片回彈到你的耳朵。

步驟 4

對齊瓶蓋

　噴霧瓶的噴嘴很適合作為這個自製人工耳的邊框和把手，從一個舊噴霧瓶上轉下噴嘴，將殘留在噴嘴裡的液體清洗乾淨。

　用熱熔膠將2公升飲料瓶的瓶蓋反轉後，黏到噴嘴上靠近出口處，讓膠水冷卻，然後用熱熔膠將改造過的杯底黏到噴嘴後端，剛才裁切的2.5×2.5公分暗門應該要對齊瓶蓋，請參考圖示進行這個步驟。

步驟 5

膠帶

　將自製的聲音接收圓盤（2公升飲料瓶上半部）放到用膠水固定的瓶蓋上，瓶口應該要插入改造過的杯子洞裡，確定好位置後就用牛皮膠帶固定起來，接著用膠帶將其他開口封起來，這樣聲音才能集中到杯子裡，不會從旁邊流瀉出去。將人工耳對準音源，然後把杯子放到你的耳邊，這個道具應該能讓你聽見6公尺外的聲音，但結果可能會有所不同。

　專業的人工耳還會有從圓盤突出去的內建天線，你可以為了視覺效果增加這個裝置，只要用熱熔膠將一個空筆桿黏到2公升瓶子的瓶口就行了。完成後的樣子就像189頁的圖片那樣。

牙膏潛望鏡

光碟

牙膏盒

　　身為一名間諜，你必須隱瞞自己的真實身分，這時就需要從隱蔽處觀察並獲取資訊。為了不被敵人發現，你必須借助設計精巧且實用的老式潛望鏡。牙膏潛望鏡是用兩個簡單的光碟「鏡」和一條大牙膏盒製作而成，可以讓你看到各個死角或是牆內發生的事情，但得小心別讓人發現了。

所需物品
1個牙膏盒
1張不要的光碟
透明膠帶

工具
簽字筆
剪刀
美工刀

步驟 1

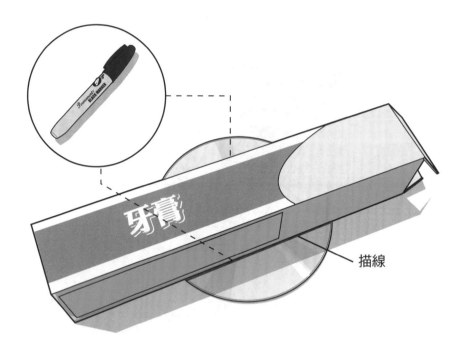

描線

　　如圖所示，將一個空的牙膏盒放在一片不要的光碟片中央上，光碟片的
反光面朝上，然後用簽字筆沿著牙膏盒外圍在光碟上描線。

步驟 2

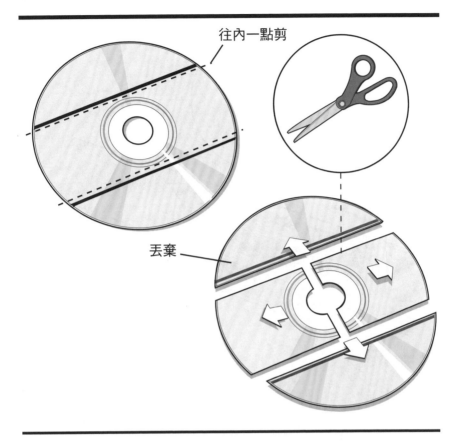

往內一點剪

丟棄

　　現在要從光碟上剪下兩片小鏡子，用剪刀沿著比剛才畫的線裡面一點的地方剪，這樣光碟才放得進牙膏盒裡。

　　當光碟被切成三等份之後，如最下圖所示，用剪刀將中間那塊光碟片對半剪開。

　　把上下兩片光碟片丟棄，你只會用到中間對半剪開的兩片光碟片。

步驟 3

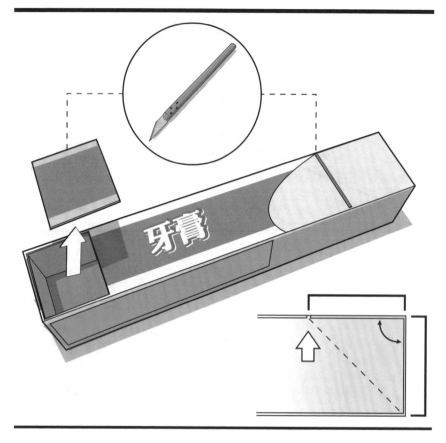

　　改造空的牙膏盒，做出窺視孔和鏡縫。小心在牙膏盒一端裁切邊長約
3.8公分的正方形開口並把裁切下來的部分丟掉，在牙膏盒同面的另一端
切開一條距離尾端約3.8公分的小縫。

步驟 4

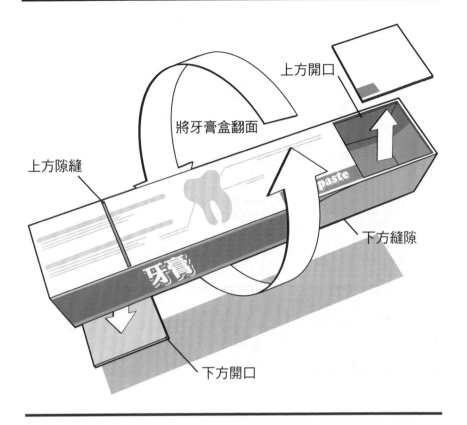

上方開口

將牙膏盒翻面

上方隙縫

下方縫隙

牙膏

下方開口

　　將牙膏盒轉到另一面並重複前面的步驟，但這面裁切的位置和剛才要是相反的。在剛才那面的小縫反面，裁切一個邊長約3.8公分的正方形開口，並把裁切下來的部分丟掉，在同一面的另一端（下面是剛才裁切的窺視孔）切開一條距離尾端約3.8公分的小縫，請參考圖示進行。

步驟 5

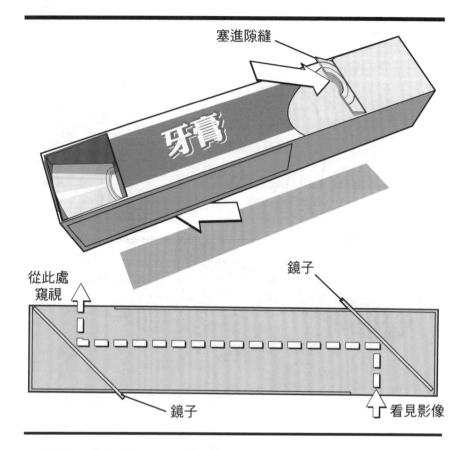

塞進隙縫

牙膏

從此處
窺視

鏡子

鏡子

看見影像

　　將兩片光碟鏡分別以45度角塞進兩個隙縫中，兩片鏡子的角度必須是平行的，且反光面要朝著盒子。用眼睛對著一個窺視孔觀看，看這樣的安裝是否可行，如果需要的話可以用透明膠帶把鏡子固定，想要達到更好效果的話，還可以改用兩面小的美容鏡。

迷你偵查鏡

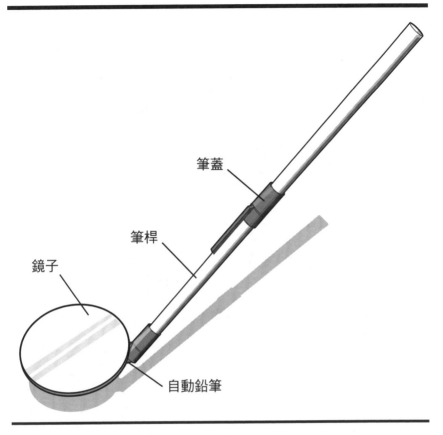

筆蓋

筆桿

鏡子

自動鉛筆

　　不管你是要在房間裡找竊聽器、鈔票或是躲藏起來的攻擊者，迷你偵查鏡都是幫助你排除所有視線障礙的完美工具。這是個很棒的工具，一名優秀的間諜永遠得留意周遭環境……就算是沙發底下也不能放過。

所需物品
2枝原子筆
1枝便宜的自動鉛筆
1個附鏡子的粉底盒

工具
美工刀
老虎鉗
熱熔膠槍

步驟 1

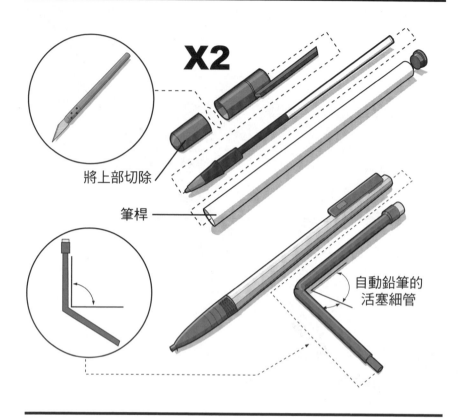

將上部切除

筆桿

自動鉛筆的
活塞細管

拆解兩枝原子筆,你或許會需要美工刀或老虎鉗來把筆桿尾蓋拆掉,可以把尾蓋留著在圓頭子彈(73頁)使用。

用美工刀將兩個筆蓋都對半裁切,這些零件稍後會被用來連接這個偵查鏡的不同部分。接下來,將自動鉛筆的活塞細管取出,取出後小心把活塞細管折110度,和圖示的彎度差不多就可以。

步驟 2

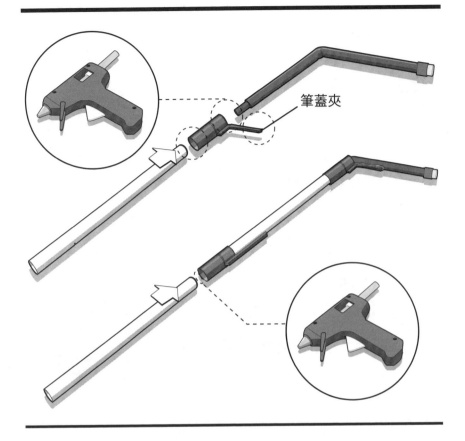

筆蓋夾

　將改造過的筆蓋用熱熔膠黏到筆桿一端，筆蓋夾不要靠著筆桿那邊，然後把折彎的自動鉛筆活塞細管塞進筆桿，把筆蓋夾折彎讓它和活塞細管對齊，然後將兩者合在一起，並用熱熔膠黏起來。

　最後，將第二個改造過的筆蓋套進第一枝筆尾端，然後另一端再接第二枝筆桿，把這些部分都用熱熔膠黏在一起。

步驟 3

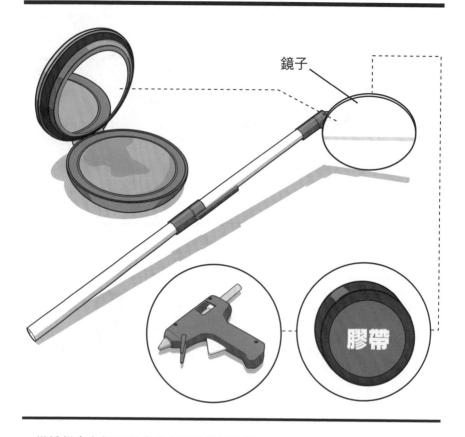

鏡子

膠帶

從粉餅盒上把圓形或長方形的鏡子取下。可以用手扳下來或者使用老虎鉗，這個鏡子容不容易取下，得看它原本黏得牢不牢。取下鏡子後，用熱熔膠把鏡子黏到自動鉛筆的活塞細管頂端，將鏡子固定位置，接著用牛皮膠帶固定它。

如果你沒有粉餅鏡，將反光效果極佳的光碟片修剪成需要的大小也是可行的，可以參考195頁的牙膏潛望鏡做法。

密碼轉盤

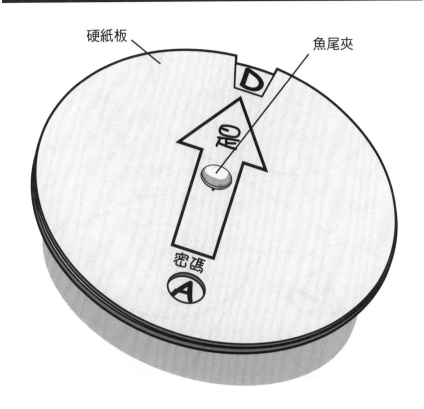

硬紙板

魚尾夾

密碼

　　需要將機密訊息轉成密碼嗎？間諜的其中一項任務是必須傳遞和接受訊息，不讓這些訊息受到有心人士的竊聽，這個兩件式的密碼轉盤可以將訊息進行轉換或是將你所觀察到的事情加入機密的特務日誌裡。這個密碼轉盤是由兩張圓形的紙所製作，當你旋轉這個轉盤時不同的英文字母就會對齊出現，慢慢浮現出重要訊息。建議你製作兩個密碼轉盤，一個給發送者，一個給接收者，不過記得千萬別落入敵人手裡。

所需物品
一個22×28公分的硬紙板
或是早餐穀片紙盒
1個魚尾夾
牛皮膠帶

工具
簽字筆
棄置的光碟片
剪刀
美工刀或圖釘

步驟 1

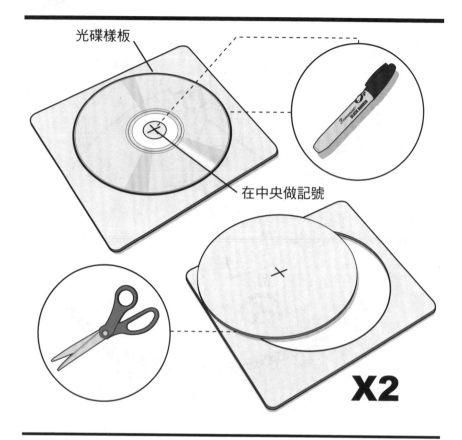

光碟樣板

在中央做記號

X2

這個圓盤是由一張22×28公分的硬紙板所製作，要是找不到硬紙板也可以用早餐穀片紙盒或是類似的薄硬紙板來替代。

用簽字筆在硬紙板上沿著兩張光碟片周圍描線，將光碟拿起來之前先在兩個圓中間畫上X。

用剪刀剪下兩個圓，並把紙板其他部分丟棄。

步驟 2

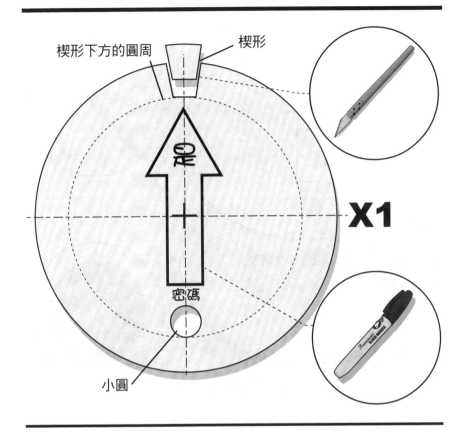

楔形下方的圓周　楔形

密碼轉盤

X1

小圓

　　現在要開始改造圓紙盤。用剪刀剪下一個小楔形，深1.9公分，寬小於1.3公分。

　　然後在這個楔形圓周（以虛線表示）下方、圓圈的另一端裁切一個直徑不要大於1.3公分的小圓。

　　另一種做法：在圓盤上畫一個大箭號，並在箭頭尖端處寫上「是」、在箭頭下方寫上「密碼」，請參考圖示進行。

步驟 3

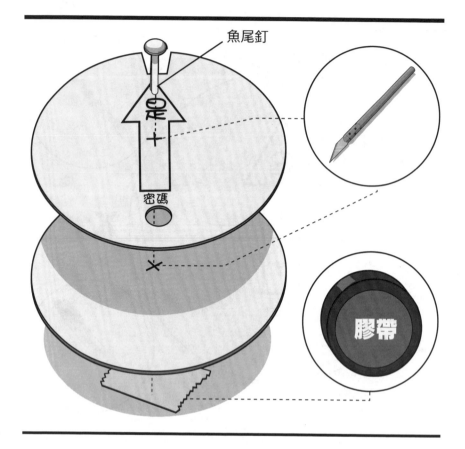

魚尾釘

密碼

膠帶

　　用美工刀或圖釘在兩個紙轉盤中央鑽兩個小洞，將紙盤對齊重疊並用魚尾釘固定住，在下方轉盤底部用牛皮膠帶纏繞魚尾釘的釘腳，固定整個裝置的位置。

步驟 4

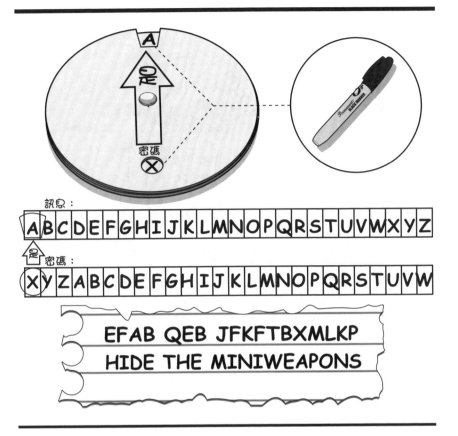

訊息：
A B C D E F G H I J K L M N O P Q R S T U V W X Y Z

密碼：
X Y Z A B C D E F G H I J K L M N O P Q R S T U V W

EFAB QEB JFKFTBXMLKP

HIDE THE MINIWEAPONS

在楔形缺口寫上英文字母A，然後轉動上層的轉盤，直到A消失為止。接著寫上字母B，轉動轉盤並依序寫上所有英文字母和0到9的數字。

接下來將上層的轉盤轉回A的位置後停住，在小圓圈處寫上你希望字母A代表的密碼字母。我們的範例是使用字母X，接著繼續寫上沒有使用過的字母和數字，一邊寫要一邊記錄哪些寫過，然後將所有英文字母和0到9的數字都寫完。

要發送和接收訊息時，兩邊都要擁有同樣設定的密碼轉盤，所以你得再做一個和剛才字母與數字設定相同的轉盤。

其他改造

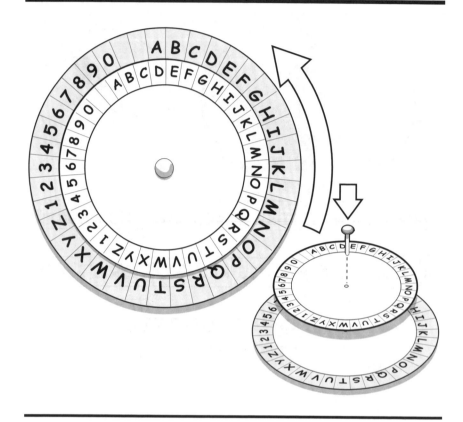

　也可以用直徑大小不同的轉盤來製作另一種版本，傳送訊息者排出字母D等於字母A的「解答」之後，不需要轉動轉盤就能知道其他相對應的字母和數字。

　傳送者必須口頭告知接收者解答，在這個範例中的解答就是「字母D等於字母A」，這樣接收者就能破解訊息。

偷窺之眼

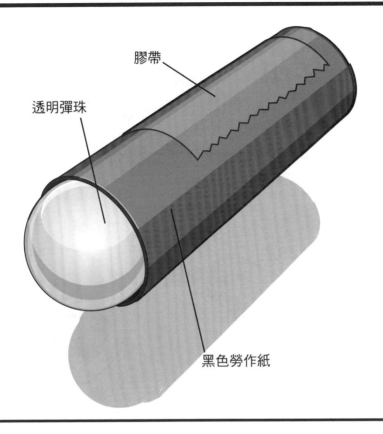

膠帶

透明彈珠

黑色勞作紙

　　你能聽到門後的耳語卻無法看到內部情況嗎？偷窺之眼這個小道具能讓一名間諜輕易得知密室中所發生的事情，只要將這個口袋大小的小道具塞進門縫，或是任何可以進入室內的孔洞，並靠近觀看就行，任務成功與否或許就靠它了！不過看到影像是上下顛倒時可別嚇到了，這就和透過彈珠看周遭世界的道理是相同的。

所需物品　　　　　　　　**工具**
1張黑色勞作紙　　　　　　　剪刀
1顆透明小彈珠　　　　　　　鉛筆
膠帶（任一種皆可）

步驟 1

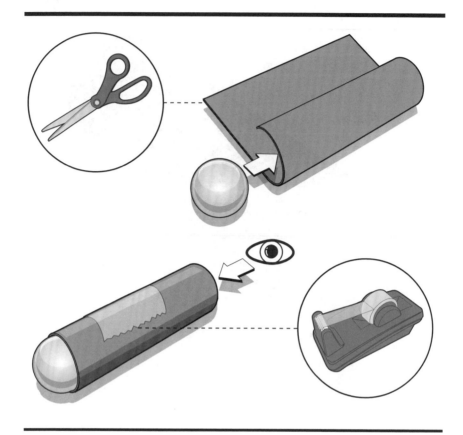

　　用剪刀在一張黑色勞作紙上進行剪裁，大小約是你要使用的彈珠七倍長、五倍寬。如果沒有黑色紙，也可以裁切同樣大小的白紙，然後用黑色麥克筆塗色，紙張愈不透光愈好。

　　紙張準備好之後，將彈珠放在勞作紙的邊緣，用黑色的紙將彈珠牢牢捲起來，黑色的紙捲成管狀後用膠帶黏起來固定。

　　用鉛筆調整彈珠的位置，讓半顆彈珠露出紙管外頭，確定好位置後就在彈珠和紙張接合處纏上膠帶，讓它更牢固，也可以用膠水讓它黏得更牢。

　　完成後的使用方式是將彈珠端塞到任何門縫或小洞裡，然後眼睛靠著紙管那一端，此時記得不要出聲也不要靠著門，以防目標人物突然開門時撞到你。

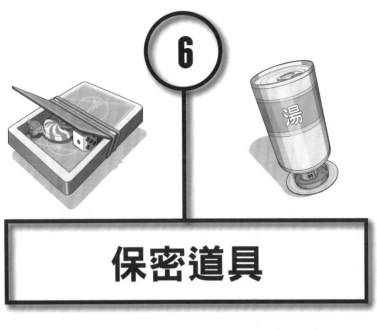

保密道具

詐欺撲克牌

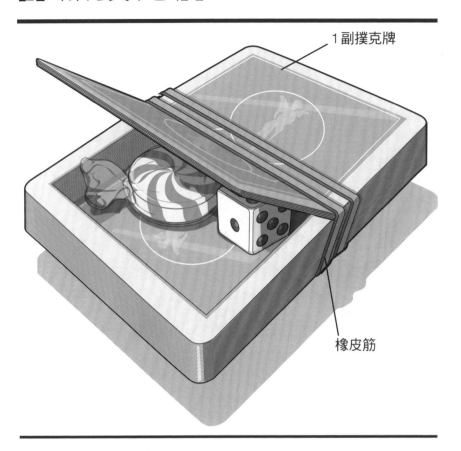

1副撲克牌

橡皮筋

運送違禁物品時不想被抓個正著？詐欺撲克牌可以幫你。這副撲克牌小巧中空的設計可以塞進最高機密衛星需要使用的座標晶片、複製人大軍DNA的試管、機密的殭屍病毒株等，當然也可以裝你的糖果。

所需物品
1副52張的撲克牌
1張廢紙
1條粗橡皮筋

工具
口紅膠
剪刀

步驟 1

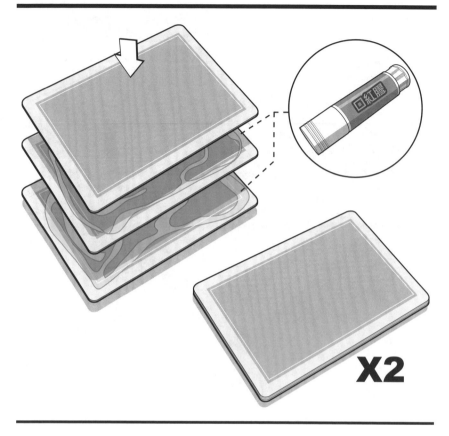

　　用口紅膠將三張撲克牌為一組的兩組撲克牌各三張黏在一起，全部都是面朝下。這些撲克牌組將成為這個小道具的最上層和最下層。

步驟 2

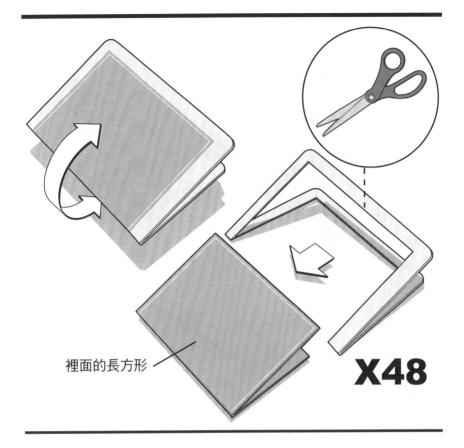

裡面的長方形

X48

　　將剩下的撲克牌（如果你用鬼牌的話應該還剩48張）如圖所示對摺，每張牌都摺好之後用剪刀剪掉每張牌中間的一大塊長方形，可以沿著撲克牌原本設計上就有的框來剪，這樣大小才會一致，每個框應該至少要有0.6公分寬才夠牢固。

步驟 3

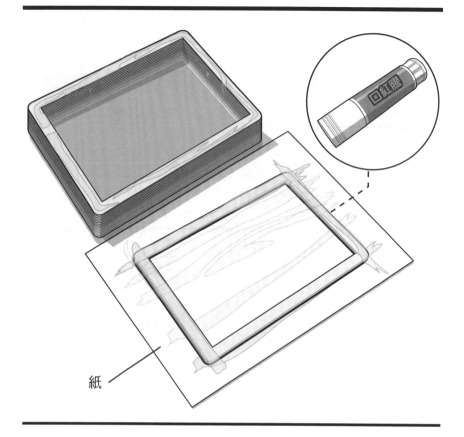

紙

接下來將一張廢紙放在桌面，保持乾淨。

現在要來動手腳了！一開始先將三張黏在一起的牌組面朝下放在最底層，用口紅膠塗在最上層一張卡的周圍，然後將一張只剩下框的撲克牌疊上去。

繼續把剩下的撲克牌框全部一張張黏上去，每一張牌都務必和下面那張對齊，看起來才會像是一副疊放整齊的牌。

步驟 4

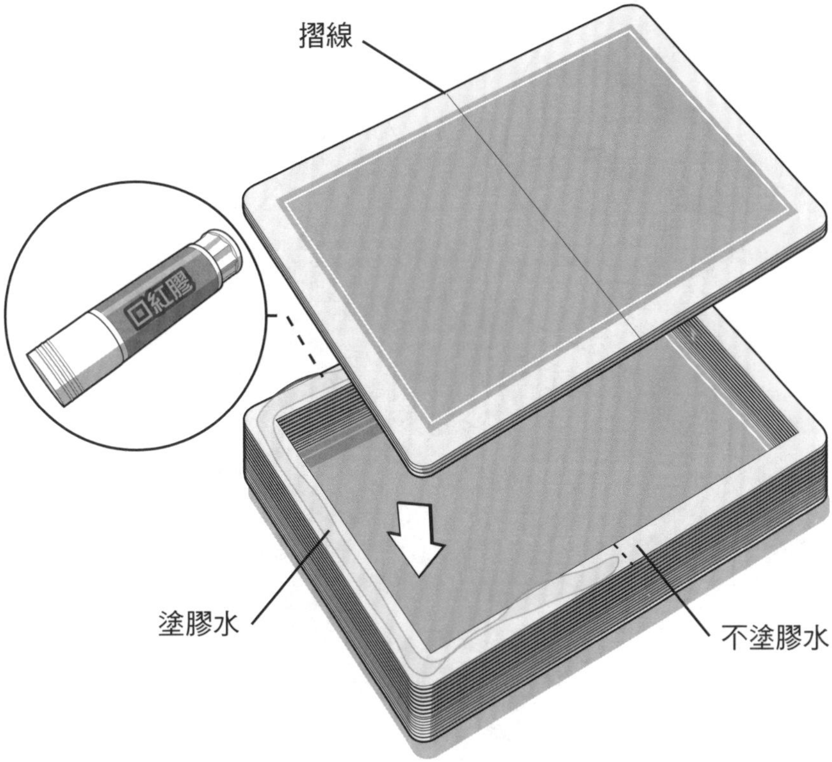

摺線

口紅膠

塗膠水

不塗膠水

　　這樣這個小道具就幾乎完成了，現在只差一個蓋子。將層層疊起的撲克牌框的一半塗上膠水，然後把最後三疊一組的牌放到最上層，面朝下。

步驟 5

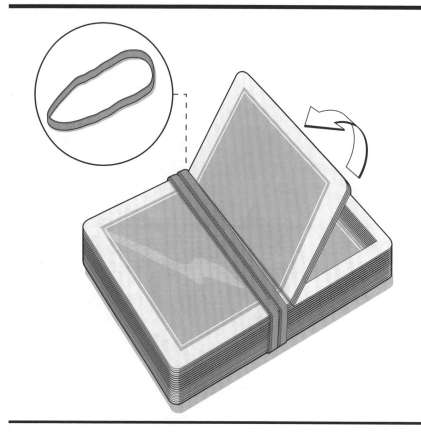

　　現在將一條粗橡皮筋牢牢綁到牌組上固定位置，等膠水乾了之後，把沒有上膠那邊的蓋子打開，把你珍貴的物品藏起來。記得要把橡皮筋牢牢綁在撲克牌上，才能以假亂真、欺敵成功，橡皮筋同時也能用來遮住撲克牌之前的摺痕。

機密湯罐保險箱

錫罐

廚房紙巾

玻璃瓶

玻璃瓶蓋

錫罐底蓋

　擔心你的房間會遭到搜索嗎？這個小道具不管在任何搜索中都不會被注意到，將你珍貴的物品收在底層然後扭緊關上，敵方的蠢蛋手下絕對不會發現。

所需物品
1個空的湯罐頭或蔬菜罐
1個附轉蓋的小玻璃罐
廚房紙巾或報紙

工具
開罐器
熱熔膠槍
剪刀（可有可無）

步驟 1

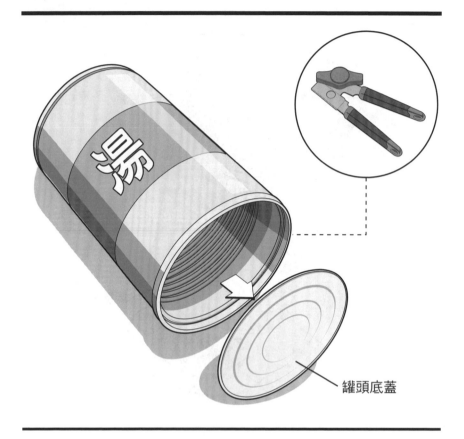

罐頭底蓋

用開罐器將一罐密封的湯罐或蔬菜罐底打開,把裡面的材料倒出來(並吃掉)。將罐頭清洗乾淨之後晾乾,罐頭底蓋不要丟掉。

步驟 2

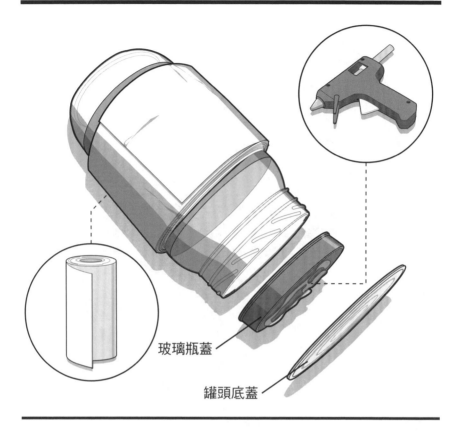

玻璃瓶蓋

罐頭底蓋

　　清洗附有轉蓋的小玻璃瓶之後晾乾，這個瓶子要能放進湯罐裡，繼續進行前請先確認放得進去。

　　用廚房紙巾或報紙纏繞玻璃瓶，直到它的直徑大小和空罐頭內部的直徑大小一樣為止。

　　接下來，如圖所示將罐頭底蓋用熱熔膠黏到玻璃瓶蓋中間。

步驟 3

　　將包裹了廚房紙巾的玻璃罐用力塞進罐頭裡，然後調整罐頭的位置，讓你可以在把玻璃瓶蓋轉進罐頭時，罐頭底蓋也回到原本的位置，和罐頭底部切齊。如果在把玻璃瓶蓋轉進罐頭的過程中，愈來愈難用手指握住瓶蓋的話，可以用手掌來轉最後幾下。這樣這個小道具就完成了，你可以把珍貴的物品放進去，然後把蓋子轉緊。

　　當你開蓋時如果玻璃瓶會轉動的話，可以塗上熱熔膠讓它固定。

飲料罐祕密隔層

飲料瓶

COLA

保麗龍

在間諜工作的領域中，所有事物都不像外表看起來那樣，保密是非常重要的事情。這個精心設計的小道具可以用來藏放和運送機密物件。從外人的眼光看起來，這罐飲料並沒有經過任何改造，裡面裝滿了液體，但其實只要一點簡單的巧思，就能在標籤處釋放出一個隱蔽的隔層。要做這個小道具時，請選用你喜歡喝的飲料，這樣才不會引起過度的注意。

所需物品
2個大約各500毫升的塑膠飲料瓶
1塊保麗龍，大約2.5公分厚

工具
大杯子
美工刀
剪刀
簽字筆
熱熔膠槍

步驟 1

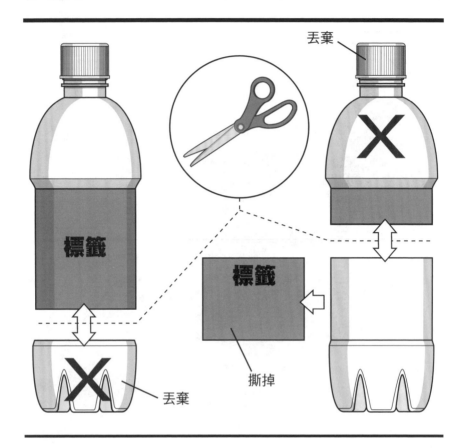

丟棄

標籤

標籤

撕掉

丟棄

丟棄

　　準備兩個大小相同的塑膠飲料瓶，先把裡面的飲料倒進一個大杯子裡，倒不完的可以喝掉。如果你用的是碳酸飲料，要等氣泡都消退後再進行步驟3和步驟4。

　　如左圖所示，用美工刀或剪刀裁切掉第一個瓶子標籤下的部分，不要把這個瓶子的標籤撕掉，把底部丟棄或回收。

　　把第二個瓶子的標籤撕掉，從標籤最高處往下約2.5公分左右裁切瓶子，把上半部丟棄。

步驟 2

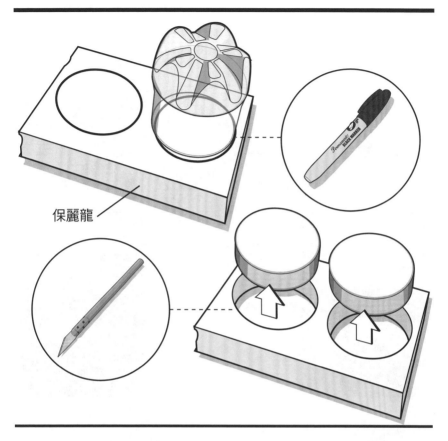

保麗龍

　　用第二個瓶子的底部作為樣板，在保麗龍上依照瓶身圓周描兩次圓形
（裝電器的舊箱子可能可以找到保麗龍），然後用美工刀裁切下兩個圓形。

步驟 3

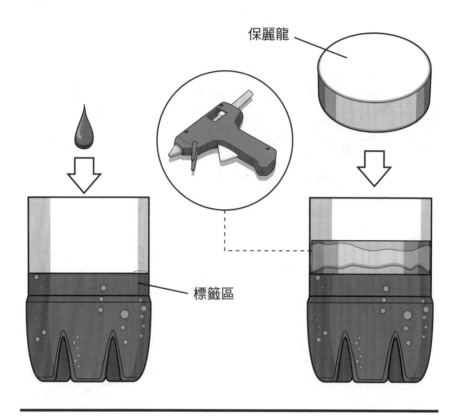

保麗龍

標籤區

　　如圖所示，將原本的飲料倒回瓶子底部約 5 到 8 公分高，飲料高度應該要稍微高於移除的標籤區，但不要超出太多。

　　將熱熔膠塗在瓶身內圈，位置就在飲料線的上方，然後小心將保麗龍放進瓶裡，把保麗龍往下壓，直到它碰到飲料為止。在最上層的隙縫處再塗上熱熔膠，確保它的防水性。

步驟 4

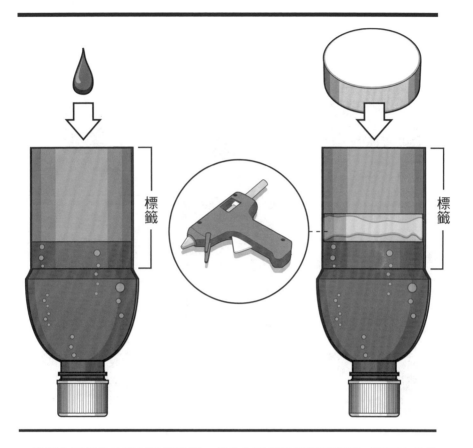

標籤

標籤

確認上面部分的蓋子已經拴緊，然後如圖所示將瓶子翻轉，將原本的飲料注入瓶子裡，直到液體到標籤區為止（左圖）。

小心將熱熔膠塗在瓶身內圈，位置就在飲料線的上方，然後將保麗龍放進瓶裡，直到它碰到飲料為止，確定好位置後在隙縫處再塗上熱熔膠，確保它的防水性。等膠水冷卻後，將瓶身反轉，確定它不會漏水，如果需要的話可以再塗上更多熱熔膠。

塑膠瓶可能會因為熱熔膠的熱產生輕微變形，這很正常，不會影響到最後的成品。

飲料罐祕密隔層

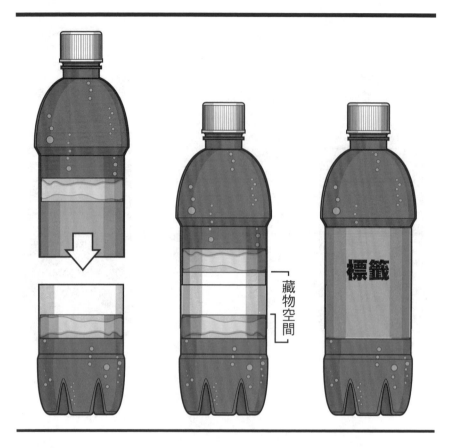

藏物空間

標籤

　　將瓶子的下半部和上半部接合在一起,當兩個部分接合時會產生一小段只有幾公分高的祕密空間,瓶身組合好之後外觀看起來是正常的,只是瓶身會稍微高一點。

　　為了避免上層的熱熔膠封口破裂,最好是不要放置任何電子產品。保險起見,請將你的機密物件放置於可重複密封的塑膠袋中,再放進瓶子裡的密室中。

特務公事包

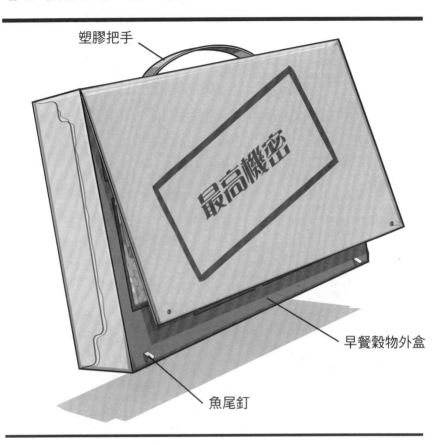

塑膠把手

最高機密

早餐穀物外盒

魚尾釘

　　這個特務公事包是用早餐穀片的盒子製作的，個人化的精心設計可以讓你存放和保護你的特務武器。平常當公事包闔起來時，你的身分和攜帶的物品都處於機密狀態，但當你抵達安全地區，就可以打開公事包並從你的武器或道具庫中挑選所需物品，這個公事包也能設計成容納更多彈藥。

所需物品
1個早餐穀物外盒
2張硬紙板，各為46X46公分。
1個塑膠把手，可以是洗衣粉盒子、鞋盒或電腦零件盒的把手。
牛皮膠帶
2個魚尾釘

工具
剪刀
熱熔膠槍
簽字筆
美工刀

步驟 1

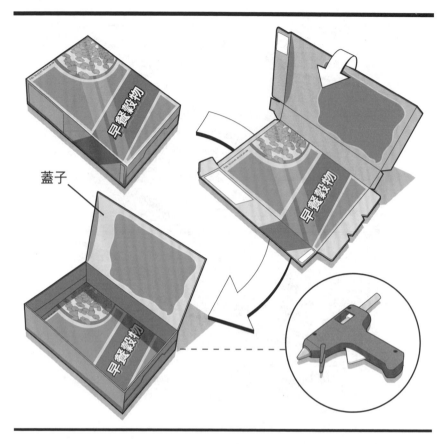

蓋子

　　先準備好一個空的早餐穀物外盒或是類似大小的硬紙板盒，小心地把原本盒子上黏住的地方拆開後攤開盒子。接著重新摺疊盒子，但這次是將包裝印刷翻到裡面，然後用剪刀和熱熔膠重新將盒子組裝起來，但要把一個長邊留著不要黏起來，作為蓋子。當你要將短邊黏起來時可能要裁剪開口的折片，並把這些部分黏到盒子其他地方上，如果出現空隙，可以用更多紙片補起來。

步驟 2

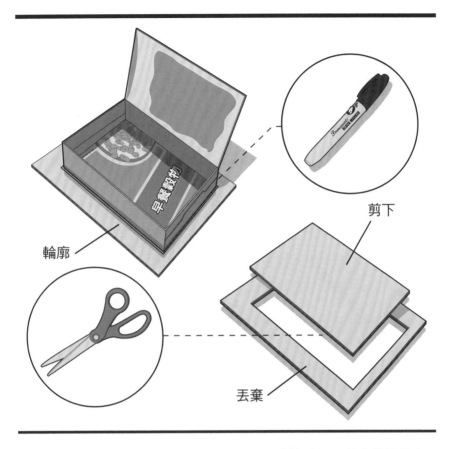

輪廓

剪下

丟棄

現在如圖所示，把組合好的盒子放到一張硬紙板上，用簽字筆沿著盒子周圍在硬紙板上描線。

用剪刀剪下剛才描繪在硬紙板上的長方形，留待步驟4使用。

步驟 3

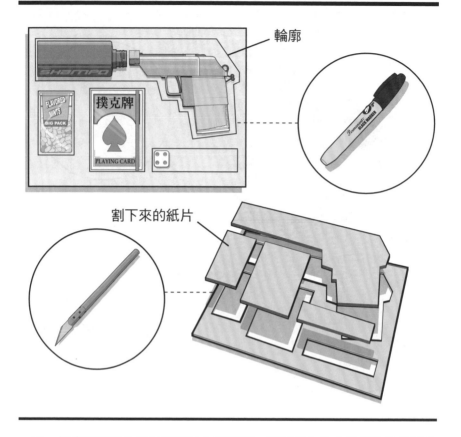

輪廓

割下來的紙片

下一個步驟是製作自己想要的內部結構，可以讓你的小兵器和道具們分開收藏和保護，當然這個公事包只能放得下比內盒小的物件。

把你所選擇的武器和道具擺放在長方形的硬紙板上，上圖只是一個範例。在每個物件外圍畫一個簡單的輪廓線，輪廓線盡量不要畫得太細，只需要最少筆劃的流暢直線。

畫好輪廓線之後就用美工刀小心把輪廓割下來，這些割下來的紙片不要丟棄，步驟6會用到。

步驟 4

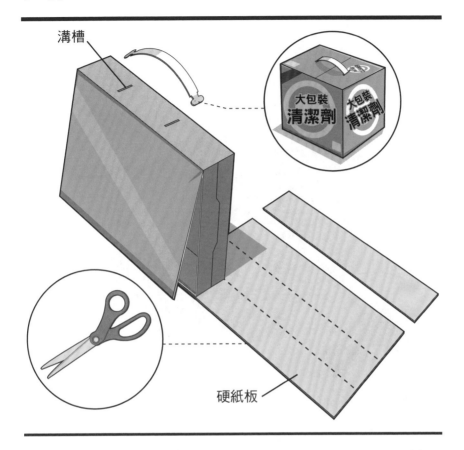

溝槽

硬紙板

在你的公事包最上頭裁切兩道小溝槽，待會可以崁進塑膠把手，將把手放進去溝槽裡，然後用膠帶將盒子裡的把手固定起來。

接下來，將公事包放在一張新的硬紙板上，測量盒子寬度並用鉛筆做記號，畫下條狀，接著用美工刀或剪刀剪下這些條狀。

步驟 5

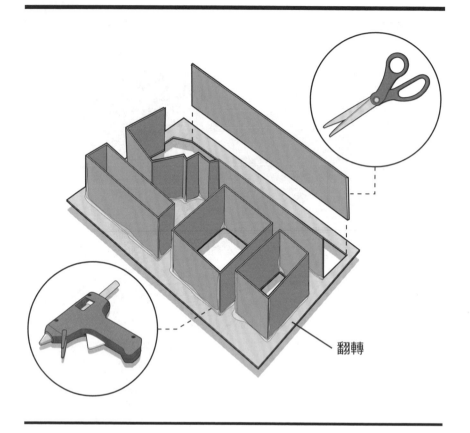

翻轉

把裁切過的硬紙板翻轉，並用這些條狀硬紙板做出你武器的背面輪廓。可以透過凹摺、裁切和塗膠等動作來製作出你需要的形狀，形狀不需要非常完美，因為這是底部表面，只要確定把每一件武器的輪廓都做出來就行了，這個過程可能需要一些時間，必須有點耐心。

步驟 6

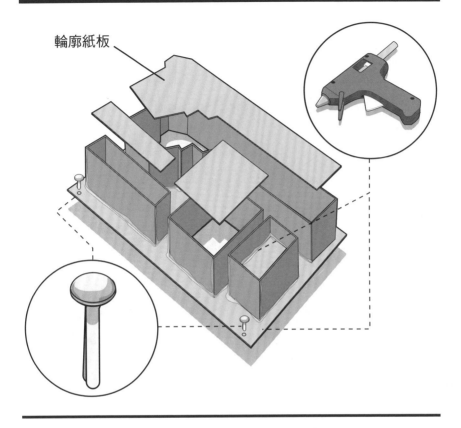

輪廓紙板

　準備好你在步驟3所裁切下來的武器和道具輪廓紙板，將每個紙板放進指定的地區。在用熱熔膠固定位置之前，翻轉紙板讓你可以調整每個形狀的深度，以符合每個小兵器的高度，調整好之後就將所有輪廓紙板用熱熔膠黏到紙板組上。

　用兩個魚尾釘來固定紙板組底側，小心地用美工刀在硬紙板的兩個角切開兩個可以放進魚尾釘的洞，這兩個魚尾釘可以讓你的公事包快速關上，或者用魔鬼氈也可以。

步驟 7

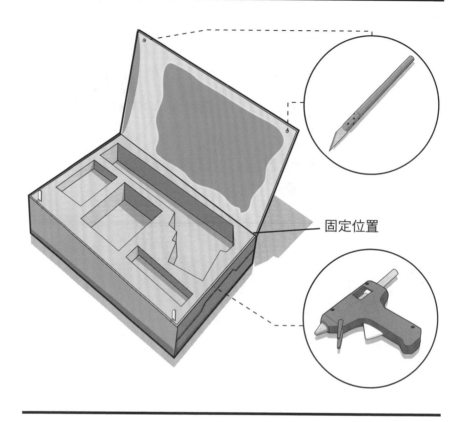

固定位置

　　如圖所示，將你的紙板組翻轉後放進公事包盒子裡，測試一下蓋子是否關得上，如果需要的話可以調整一下。打開蓋子，並在紙板周圍塗上膠水以便固定，將內部組裝固定到盒子底部。

　　在公事包蓋子上切開兩個洞讓魚尾釘可以穿過去，蓋子可以蓋起來。

　　如果你想再讓它更加完美，可以在上面塗色，讓它看起來更像真正的公事包。

目標物

鐳射光鯊魚

　　身為一名間諜，當你深入敵營時永遠不知道會遇上什麼怪物，我們聽過變種海鱸魚、飢餓的食人魚和鐳射光鯊魚。

　　想要大開殺戒的話，就用大燕麥片罐來製作鐳射光鯊魚，然後用它作為標靶來測試你最愛的小兵器，希望這會減少你陣亡的機會。

所需物品
1個燕麥片罐子
1個有筆蓋夾的螢光筆筆蓋
2個塑膠瓶蓋

工具
剪刀或美工刀
熱熔膠槍
簽字筆

步驟1

　　將一個大燕麥圓筒罐的上蓋和底蓋拿掉，用剪刀或美工刀斜角裁剪罐子的兩端，讓它看起來像鯊魚的形狀，然後用剪掉的部分剪出兩個位於側邊的三角形胸鰭，並將它們用熱熔膠黏在罐子上。如圖所示，從圓筒罐上剪下兩個背鰭，然後黏到圓筒最上面，底部剩下的部分就作為尾鰭。你或許會需要在新月形狀的底部裁切一個切口，讓它可以崁進圓筒罐裡，最後用熱熔膠黏上尾鰭。

　　用剪刀或是美工刀裁切出如上圖所示的牙齒形狀，把它放進改造過了燕麥片圓筒罐裡，並用熱熔膠固定位置。將兩個塑膠瓶蓋黏到鯊魚頭頂或頭側，並用簽字筆在上面畫出嚇人的眼睛。最後，把螢光筆蓋或鐳射筆夾到背鰭上作為鐳射光。

監視攝影機

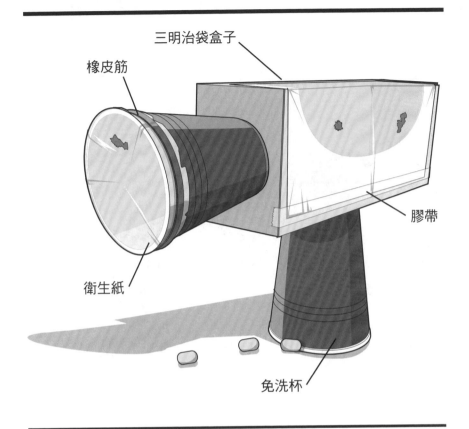

三明治袋盒子

橡皮筋

膠帶

衛生紙

免洗杯

　　當你從事間諜活動時得留意電子引爆線和監視攝影機，引爆線可以避開，但你還是得破壞監視攝影機。

　　作為練習，你可以自製幾台監視攝影機，並把它們放在你的巢穴中，作為練習的標靶。這些攝影機的螢幕是衛生紙做的，側板可以分離，正好是用來測試你的小兵器的好標靶，特務最重要的就是不能被敵人發現行蹤。

所需物品
2個免洗杯
2個三明治袋盒子
1條以上的橡皮筋
膠帶（任一種皆可）
1張以上的衛生紙

工具
熱熔膠槍

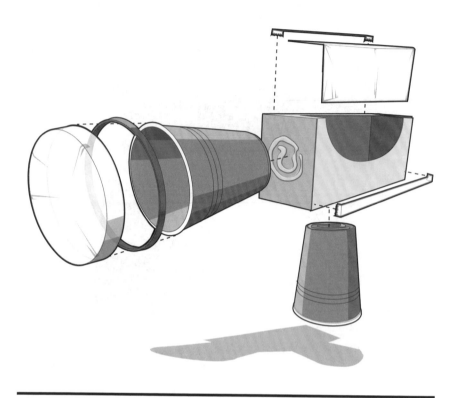

　　將兩個免洗杯黏到小三明治袋的盒子上，一個黏到盒子側邊作為攝影機鏡頭，另一個黏在盒子下方作為攝影機支架。接下來，用橡皮筋或膠帶把一些衛生紙固定到杯口上，衛生紙更容易被小兵器弄破。如果盒蓋不見了可以用膠帶固定更多衛生紙到開口上，這可以作為控制面板區。

　　在你的訓練所裡放置一些自製的攝影機，但使用小兵器射擊時要小心，別把攝影機放在易碎物品附近。

目標物

殺手章魚

氣球

簽字筆

衛生紙捲筒

　　不要出聲……怎麼回事？糟糕，輻射章魚發現我們了！這些神祕的章魚由邪惡組織進行變種後，專門負責追捕與殺敵，是陸海領域中數一數二聰明的生物。但是在原子改造過程中，有人忘了幫這些章魚加上具有保護力的外殼，只要用小兵器棉花棒吹箭筒給予致命一擊，就能讓這些氣球做的章魚一敗塗地。殺手章魚的製作方式很簡單，只要一個氣球和一個衛生紙捲筒。

所需物品
1個衛生紙捲筒
1個小氣球
膠帶（任一種皆可）

工具
剪刀
簽字筆

步驟 1

衛生紙
捲筒

以平均間距在衛生紙捲筒的一端剪下數刀，每一刀大約1.9公分長，然後如圖所示，把每一條剪下的地方往上捲，作為章魚的觸角。

接下來把一個小氣球充氣，再把氣球一端用膠帶黏到改造過的捲筒上沒有剪的那一端。最後用簽字筆畫上章魚的眼睛和嘴巴就完成了。

撲克牌標靶

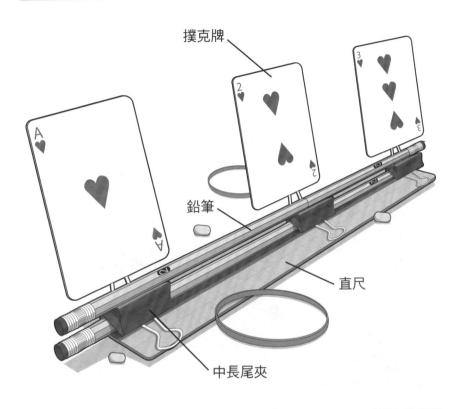

撲克牌

鉛筆

直尺

中長尾夾

　　小兵器的射擊需要練習，而這個撲克牌標靶是最適合拿來練習射擊的工具了。這個標靶是用幾個長尾夾、鉛筆和撲克牌製作而成，只要勤加練習，你很快就會變成神槍手。

所需物品
4枝鉛筆
1根塑膠直尺
3個中長尾夾（32公釐）
膠帶（任一種皆可）
3張撲克牌

工具
熱熔膠槍

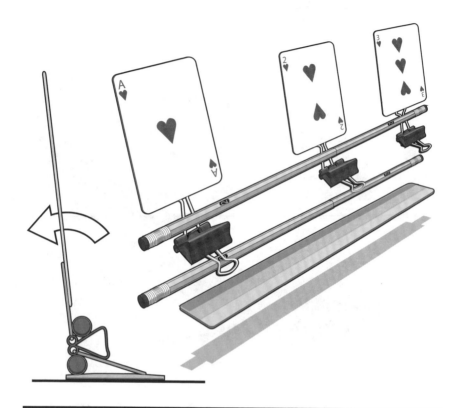

　　將兩枝鉛筆的兩端用熱熔膠接在一起後，固定到塑膠直尺上，然後將三個間距相同的中型長尾夾用熱熔膠黏到鉛筆上。如圖所示將長尾夾的金屬把手靠在直尺上，並用熱熔膠黏起來。

　　現在再把兩枝鉛筆放到長尾夾上。長尾夾的把手在上，只用熱熔膠將鉛筆固定位置，長尾夾把手還是能轉動的。最後，如圖所示把三張撲克牌用膠帶黏到長尾夾把手上。

　　這樣你的撲克牌標靶就完成了，練習射擊時這個標靶後面絕對不能有玻璃、木片或陶瓷這類易碎物品。

攝影機標範

監控系統

參賽者 _____ 日期 _____

參賽者簽名 _____

可以列印多張並放大使用。

炸藥筒標靶

參賽者 _____ 日期 _____

參賽者簽名 _____

可以列印多張並放大使用。

隨身武器用的３公尺標靶

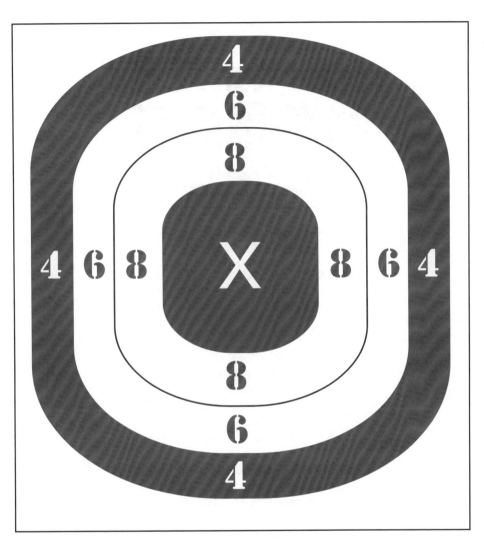

參賽者 _____ 日期 _____

參賽者簽名 _____

可以列印多張並放大使用。

大規模 毀滅小兵器之打造 特務軍火庫

MINI WEAPONS
OF MASS DESTRUCTION
BUILD A SECRET AGENT ARSENAL

MINI WEAPONS OF MASS DESTRUCTION 2:
BUILD A SECRET AGENT ARSENAL
by JOHN AUSTIN
Copyright © SUSAN SCHULMAN LITERARY AGENCY, INC
This edition arranged with SUSAN SCHULMAN LITERARY AGENCY, INC
through Big Apple Agency, Inc., Labuan, Malaysia.
Traditional Chinese edition Copyright:
2021 MAPLE PUBLISHING CO., LTD.

出版／楓樹林出版事業有限公司
地址／新北市板橋區信義路163巷3號10樓
郵政劃撥／19907596 楓書坊文化出版社
網址／www.maplebook.com.tw
電話／02-2957-6096 傳真／02-2957-6435
作者／強‧奧斯丁
翻譯／邱佳皇
責任編輯／王綺 內文排版／謝政龍 校對／邱怡嘉
港澳經銷／泛華發行代理有限公司
定價／320元
出版日期／2021年5月

國家圖書館出版品預行編目資料

大規模毀滅小兵器之打造特務軍火庫／強‧奧
斯丁作；邱佳皇翻譯. -- 初版. -- 新北市：楓樹
林出版事業有限公司, 2021.05　面；　公分
ISBN 978-986-5572-28-0（平裝）

1. 武器　2. 通俗作品

595.9　　　　　　　　　　　110003910